The Psychopathology of Everyday Life

日常生活的心理分析

Sigmund Freud

［奥］西格蒙德 · 弗洛伊德 著

张登浩 高兴翔 译

东方出版中心

图书在版编目（CIP）数据

日常生活的心理分析 /（奥）西格蒙德·弗洛伊德著；张登浩，高兴翔译. 一上海：东方出版中心，2021.3
ISBN 978-7-5473-1790-7

Ⅰ. ①日… Ⅱ. ①西… ②张… ③高… Ⅲ. ①精神分析－研究 Ⅳ. ①B84-065

中国版本图书馆CIP数据核字（2021）第038774号

日常生活的心理分析

著　　者　[奥] 西格蒙德·弗洛伊德
译　　者　张登浩　高兴翔
责任编辑　陈哲泓
装帧设计　徐　翔

出版发行　东方出版中心
地　　址　上海市仙霞路345号
邮政编码　200336
电　　话　021-62417400
印 刷 者　杭州日报报业集团盛元印务有限公司

开　　本　890mm×1240mm　1/32
印　　张　9
字　　数　123千字
版　　次　2021年3月第1版
印　　次　2021年3月第1次印刷
定　　价　39.00元

目录

译　序

一声脆响过后，弗洛伊德博士的墨水瓶从书桌上摔落了下来，化作一地碎片。博士停下写作，并开始了一段深邃的思考。

这位维也纳大学医学院的神经病理学医师，终身受益于他异乎寻常的好奇心。谈话中偶然的口误，一时间记不起某人的名字，抑或是在门前掏错了钥匙，这些生活里不起眼的小事情往往会勾起弗洛伊德浓重的好奇心。

是无心之举，还是有意为之？

弗洛伊德最终选择了后者。就在几小时前，他的妹妹来到书房参观。她说："这张书桌现在看起来很漂亮，只是这个墨水瓶放在这儿不太相称。你应该换一个更漂亮的。"几个小时后，那个可怜的、受到指责的墨水瓶被"失手"

打碎了。

日常生活里的种种失误，近乎铁桶上的缝隙，清晰地泄露了我们的内心。从本书的第一页开始，浩如繁星的例子已经证明了一切。

历经精神病理学方面孜孜不倦的钻研，弗洛伊德最终形成了一整套“心理决定论”的理论体系。在他看来，很多貌似无心的行为都“受到了某种意图的支配，而且它们在完成目标的时候比我们平时有意识的行为更具有确定性”。

这些意图往往隐藏在人类的潜意识中。这个如今已经耳熟能详的概念，因为弗洛伊德博士而逐渐变得明晰起来。在更早的从前，人类对此基本毫无所知。通过他的介绍，人们第一次发现自己的身上还存在着难以置信的黑洞。这个空间里，藏匿着一个低版本的人性，比如贪婪，比如龌龊，比如欲念。

历经数千年的文明训练，我们仍然不能彻底跟野蛮人划清界限。“野蛮而狂热吼叫着的他们，正是你的远缘亲戚。”这是个足以触怒全人类的发现，彻底扯掉了人类“我是文明人”的遮羞布。美国的《图书》杂志曾经这样评价他：“如果没有弗洛伊德，20世纪的面貌可能大为不同，我们对自己内心世界的了解可能仍然少得可怜，而且这个时代最优秀的艺术家也许不会出现。”

弗洛伊德博士宣扬的科学精神同样值得尊重。生活里频出的失误，不可思议的预感，一贯困惑着无知的我们。冥冥中自有定数，最终演化成为迷信思想生生不息的沃土。他说，常人的迷信与偏执狂患者的症状之间的差距，似乎“并不像我们刚开始想象的那么大”。当人类开始有思想的时候，他们明显只能用自己想象的人格特质，以神人同形同性论来解释外部世界。他们倾向于用迷信方式解释的偶然事件，实际上仅仅是人们的行为及其表现方式。在这种意义上，正常人的行为与偏执狂的行为非常相似，从他人所给的无关紧要的迹象中得出结论；所有正常人的行为也是一样，仅仅根据周围人无意识的行为来评估人性。

当古罗马人看到预示凶兆的一群鸟而最终放弃某项重大任务时，我们认为这是迷信。同样的道理，也许就在不久的将来，后人们会耻笑我们关于“灵异力量驱使我这么做”的猜测。实际上，现代科学在前进，迷信和不可知的言论在节节败退。

高兴翔

2009 年 3 月

第一章

专名的遗忘

1898 年，我发表了一篇名为《遗忘的心理机制》的文章。在本书中，我将重新阐释那篇文章的内容，并以其作为进一步探讨的基础。

人们偶尔会在短时间内想不起某种东西的名字。我曾经就此类现象做过心理学分析，并从观察经验中得出结论：要解释这种常见的、看上去无关紧要的心智（记忆）错误，需要一种新的、与现有的常识完全不同的视角。

明明是知道的名字，为何会记不起来呢？心理学家们也许会想当然地告诉你，名字比其他的记忆内容更容易遗忘。他们可能会找到很多貌似合理的原因，以此论证人为什么会“选择性遗忘”。但是，他们很难深入指出这个过程中的决定因素。

我详细考察了一部分特例，试图进一步了解这种“暂时性遗忘”现象。这些特例虽然不常见，但在某些特定情况下却显得脉络清晰。在考察的过程中，我发现“暂时性遗忘”不仅是“遗忘”，其中还有“错误提取”的现象，即某人试图回忆被遗忘的名字，却想到了别的名字——代用名。虽然当事人立刻意识到自己弄错了，但这个代用名似乎被一种极大的力量推动着，要强行冒出来。我们本想回忆（或再造）被遗忘名字的过程，却被另一种心理过程所代替，从而产生了一个奇怪的替代品。

我的假设是，这种“暂时性遗忘”现象的出现，并非由于心理机制的反复无常，它实际上是遵循某条合理、合法的路径而产生的必然结果。换句话说，我认为代用名与被遗忘的名字之间，存在着直接的联系。如果能够证明这一点，我就能在研究“暂时性遗忘”的根本原因方面找到新的突破口。

在 1898 年的那篇文章中，我采用了这样的例子：我费力地回想奥尔维托屋顶那幅壁画《最后的审判》的作者，结果我的脑海里冒出来的，不是那个作者西尼奥雷利（Signorelli）的名字，而是另外两位艺术家波提切利（Botticelli）和乔万尼（Boltraffio）。这两个名字出现在脑海里的时候，我马上判断出来自己错了。但是，当别人告诉我正确的姓名时，我却不能毫不迟疑地辨认出它。我仔细思考了三个名字之间的共通之处后，得出了以下结论：

一、西尼奥雷利这个名字被遗忘，既不是因为名字本身奇怪，也不是因为名字出现的位置有什么特殊的心理学特征。与代替它出现的乔万尼相比，我对西尼奥雷利和波提切利两个名字更加熟悉。至于乔万尼，我仅仅知道他是米兰学派的一个艺术家而已。对我而言，遗忘发生的地点也没有特殊的意义，因此不能作为寻找答案的线索。当时，我和一位陌生人一起乘坐马车，走在从拉古萨到黑塞格维纳（Herzegovina）的路上，途中要路过波斯尼亚（Bosnia）。路上我们谈到了意大利旅游。我问他，是否去过奥尔维耶托，是否看过 ×× 创作的那幅有名的壁画。

二、如果不联想到我们在这个话题之前的谈论内容，我就难以解释遗忘发生的原因。这种遗忘现象被称作“新话题被之前的话题干扰”。简单地说，在我问同伴是否到过奥尔维耶托之前，我们正在讨论达尔马提亚和黑塞格维纳两个地区土耳其人的风俗。我想起自己曾经听一位在当地工作的同行说，当地人绝对信任医生，而且完全迷信命运。如果医生宣称病人不治时，当地人会说：“先生（德文为

Herr)，我能说什么呢？我知道如果病人还有救，您一定会救他的。”在这些句子中，我可以找到达尔马提亚、黑塞格维纳和先生等几个词汇，进而把西尼奥雷利、波提切利和乔万尼之间的变迁串连起来。

三、继续沿着达尔马提亚土耳其人的风俗这条线索思考，也许会对我后面的思路造成干扰。因为这条线索的思考尚未结束的时候，我的注意力就转移到另一件趣闻上了。我联想到，那里的土耳其人认为性的愉悦是最重要的；他们在性生活不和谐时会极度绝望，而在生命危殆的时候却很服从命运的安排，二者之间形成了奇怪的对比。有一次，我的同行听到病人这样说：“你知道吧，先生，如果没有了性，生命也就没什么意义了。”

由于不想和陌生人谈论这么敏感的话题，我当时强忍着没有把这件趣闻说出来。我继续和同伴聊天，只是把注意力从刚才那个话题上转移出来——再谈下去，我可能会联想到“死亡与性”的主题。几周前，我在查福伊小住的时候，听说我悉心治疗的一位病人因为性生活不和谐自杀了。这个坏消息一直困扰着我。我清楚地知道，在黑塞格维纳的旅程中，我不会有意识地回想起这个悲惨事件以及任何与之有关的事物。更准确地说，我在刻意地避免回忆起它。但查福伊（Trafoi）和乔万尼（Boltraffio）两者字形相似，这让我不得不承认，这件事情当时确实在我的脑海里浮现过。

四、我不再认为壁画作者西尼奥雷利的名字被遗忘是一种偶然现象。我必须找出我的“动机”在这个遗忘过程中的影响。存在这样一种可能，某些动机切断了我的一些思维活动（比如关于土耳其的风俗等）之间的联系，紧接着又把与之有关的思维活动赶出了我的意识，可能还促使我回忆起了在查福伊得知的坏消息。也就是说，我的“意志”想忘掉某些事情，同时也在压抑某些东西。不可否认的是，我想忘掉的绝不是壁画的作者，而是与他的名字有一定关系的另外的事，所以我的“意志”行为弄错了对象。结果，我想要忘掉的事情并没有真正被遗忘。不想回忆是一回事，回忆不起来是另一回事。假如二者没有差别，事情就很容易解释了。经过这番解释，我头脑中冒出的那些代用名不再让人摸不着头脑。它们提醒了我，作为中间环节，哪些是我想遗忘的，哪些是我想铭记的，并告诉我，自己想遗忘某些事情的动机虽然没有完全成功，但也没有完全失败。

五、被遗忘的名字、被压抑的主题（死亡和性等）以及波斯尼亚（Bosnia）、黑塞格维纳（Herzegovina）和查福伊（Trafoi）等代用名之间的联系是很奇怪的。下面这幅插图转载自 1898 年那篇文章，试图表明这些因素之间的关系。

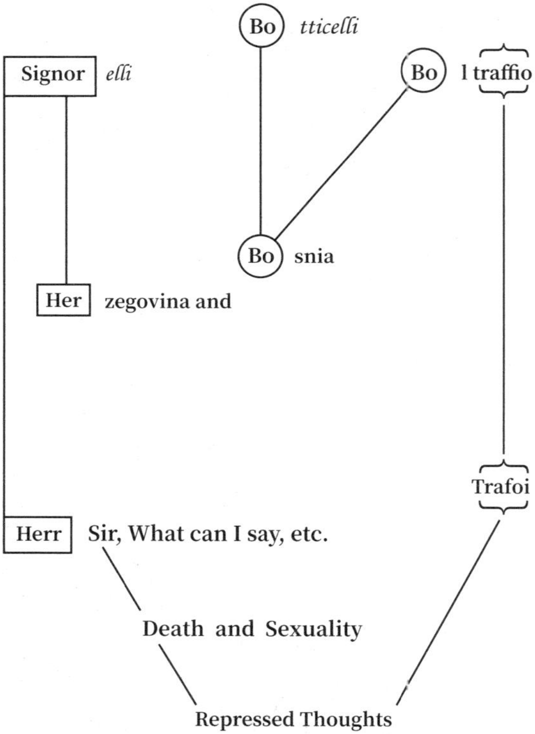

Signorelli 这个词被拆分为两部分。“elli”原封不动地出现在替代词 Botticelli 中，“Signor”则经过延伸（意大利语，意为“先生”；英文为 Sir，德文为 Herr），从而与被压抑的主题（译注：即死亡和性）产生了联系，因此很难出现在记忆再现的过程中。Bosnia 与 Herzegovina 也经历了同样的过程。尽管二者在意义和读音上都截然不同，但思维活动在联结的过程中将二者做了替换，因此冒出一个代用名。整个过程像字谜游戏，在给定部分信息的情况下，最终要拼凑出所有的名字。由于意识搜集到的信息不充分，拼不出 Signorelli，转而拼成了其他一些代用名。这样，乍看上去，Signorelli 和被压抑的主题之间就不存在明显的联系了。

有必要说明一下，这种解释方法和其他心理学家提出的记忆再现和遗忘的理论并不矛盾。我也只是通过观察某些特定的例子，指出“动机”也是导致名字遗忘的因素，进而解释这种记忆“错误提取”的现象。关于遗忘原因的解释，其他心理学家提出的遗忘“意向”是一种解释，但确实存在另外一种可能性，即被压抑的因素与我们试图回忆的名字存在这样那样的联系，从而连累着名字一起受到压抑。另一些容易被回忆起的名字没有被“错误提取”，是因为某些被压抑的主题可能一直在寻求突破口，但只有各种条件具备时它才能冒出来。还有一种可能的解释是，被压抑的主题已经表达了出来，但没有引发机能失调（disturbance of function）。也就是说，没有表现出任何症状。

概括地说，名字遗忘和记忆“错误提取”的条件是：（1）有遗忘名字的主观意向；（2）近期内发生了抑制作用；（3）该名字和被压抑主题之间有建立某种外在联结的可能。第三点非常重要，因为在大多数例子中，往往一点点的联结就能把整个事件解释明白。至于这种外在联结是否真的会导致被压抑事物干扰正确名字的再现，或者二者之间是否需要建立更为密切的联结等问题，不属于本问题的范畴，也很难轻易回答。大家可能会认为，本质截然不同的事物只要有短暂的联结就够了，后面这个问题似乎可以不予考虑。但是，进一步推敲就会发现，这两个事物（被压抑的主题和错误提取的名字）不仅有外在联结，还有一些内在的相通之处。这点在 Signorelli 的例子中得到了清楚的体现。

Signorelli 例子的分析结果到底有多大的价值，取决于我们把这个例子视为典型还是特例。我需要在此申明，如果在名字遗忘的同时，错误提取起一个代用名，这样的情况往往都能参照 Signorelli 例子中的方法进行分析。每次碰到这种情况，我都会用上述“由被压抑主题导致错误提取”的方式来解释。

在此，我还要提出一个观点，来说明我们研究的案例具有典型性。有些人把“伴有错误提取的”名字遗忘，和那些“不伴有错误提取的”名字遗忘加以区分，这是不对的。在很多情况下，代用名很自然地浮现在脑海中。有时候，它们并不会自然地出现，但集中精力回忆一番后还是会浮现出来。一旦这些代用名浮现出来，它们就和那些自然出现的代用名字一样，与被压抑的主题、被遗忘的名字之间存在着类似的关系。代用名是否会出现在意识中，似乎取决于两个因素：（1）注意力是否集中；（2）心理上的内在决定因素。被压抑主题和代用名之间要形成外在联结，总会或多或少地需要内在决定因素。所以，很多“名字被遗忘却不伴有错误提取”的例子，实际上也属于有代用名的类型，其原理与 Signorelli 的例子一样。

当然，我不敢断言所有名字遗忘的情形都是一样的。有些名字遗忘的例子就是普通的遗忘。这一点毫无疑问。因此，更为准确的结论是：除了普通的名字遗忘外，至少有一种名字遗忘是由抑制作用导致的。

第二章

外文单词的遗忘

一般来说，母语中常见的字词似乎不容易被遗忘，但外语就完全不同了。人们不仅会遗忘外文单词，还会扩展至语言的各个方面。事实上，当我们身体状况下降或感到疲劳时，最先表现出来的机能障碍就是难以自如地使用外语。在一系列的例子中，这种外文单词的遗忘机制和Signorelli例子中的情况相似。在此，我将和大家分享一个很有特色的案例，它忘掉的不是名词，而是拉丁语的一个词。我首先详细说明一下这个故事发生的背景。

去年夏天，我在度假的时候遇到一位受过人文科学教育的年轻人。我很快发现，他对我的某些著作很熟悉。不经意间，我们谈论的话题集中到我们民族的社会地位上。他雄心勃勃，却深为我们那一代人感到悲哀。他说，我们注定要过着残缺的生活，我们的才能无处施展，我们的欲望难以满足。最后，他引用维吉尔的一句著名诗句来结束感触颇深的这一席话：“Exoriare……”这句诗中，悲愤的狄多交代子孙，一定要为她向伊尼斯复仇。他想以这句诗来结束发言，最后却没能背诵出来。他凭着印象，拼凑出以下这句话：

“Exoriar(e) ex nostris ossibus ultor!”（必有复仇者来自朕的骨肉！）

说完之后他自己也有点恼怒了，说道：“请您不要做出这样一副嘲笑的模样，似乎在欣赏我的窘迫，请帮帮我。我刚说的这句诗肯定是漏掉了什么词。它本来应该怎么说呢？”

“好的。”我回答道，随即说出了正确的版本：

“Exoriar(e) aliquis nostris ex ossibus ultor!”（必有人来自朕之骨肉，而为复仇者！）

“我太笨了，居然连这个词都忘说了。”他说，“我知道您认为遗忘都有一定的原因；我很好奇，想知道我怎么会把这个不定代词‘aliquis’给忘了呢。”

我也想收集一些新案例，便饶有兴趣地接受了这个挑战。我说：“这倒也不难，但你首先不能有任何先入为主的想法，而要把你的注意力完全集中到你遗忘的这个词上，然后坦诚地，不带任何批判眼光地，把你心中想到的所有事情都告诉我。”①

“好啊！我有一个奇怪的念头，我想把这个词分成‘a’（无）和‘liquis’（液体）两个部分。”

“这意味着什么呢？”

“我不知道。”

“你还想到了什么？”

“我想到了‘reliques’（遗迹）—‘liquidation’（清算）—‘liquidity’（流动性）—‘fluid’（液体）。”

“这些对你有什么意义吗？”

“没有，都是随便想到的。”

“继续。”

“现在我想到，”他自嘲般地笑了笑，“特伦特的西蒙，两年前我在特伦特的教堂见过他的遗物。我想到以前对犹太人的迫害再次出现，还想到克莱恩保罗的作品，他从这些牺牲中看到了救世主的转世，或者说再生。”

“你现在这个想法，和刚才你漏掉拉丁词之前我们所谈的内容有一些联系了。”

---

① 译注：这是弗洛伊德常用的心理分析方法，能够让无意识里的意念反映在意识中。参考《梦的解析》第二章。

“没错。我现在想起我最近在一本意大利杂志上读过的一篇文章，我想标题是：‘圣奥古斯丁（St. Augustine）谈女人’。你觉得这有什么含义？”

我没说话，等着他继续往下说。

“现在我想到的事情肯定和我们谈的主题无关。”

“请不要用这种批判的眼光去看问题，要——”

“哦，知道了！我想起上周我在旅途中碰到的一位很有风度的老绅士。他很有古人风范（original type）。看起来就像一只威武的巨鹏。他的名字，你要是想知道的话，叫贝纳狄克特。”

“嗯，刚才你已经说了好几位圣徒和教父的名字，圣西蒙、圣奥古斯丁、圣贝纳狄克特。我认为应该还有某位教父姓 Origines。另外，他们中有三个人的名字都是基督徒的名字，比如克莱恩保罗（Kleinpaul）中的保罗（Paul）。”

“现在我想到了圣詹努阿里斯 (St. Januarius) 和圣血的奇迹——我发现这些想法就这么无意识地冒了出来。”

“你稍等一下；圣詹努阿里斯和圣奥古斯丁都与日历中的月份 (January，August)① 有关。你能和我说一下圣血的

① 译注：在西文中，January 和 August 分别与 Januarius、Augustine 字形相似，属于同字源和同音字。

奇迹吗？”

“你不知道吗？圣詹努阿里斯的血液放在一个小瓶子里，保存在那不勒斯的一个教堂里，每到某个节庆之日，天神显灵，使之融化。人们对天神显灵非常关心，情绪激动，生怕圣血融化的过程受阻，所发生的就像那次法军占领时的意外一样。当时的法军统帅——我要是没记错的话，叫加里巴尔弟——把牧师请了出来，示意他观察排在门外的军队阵容，告诉他，自己多么期待马上看到圣血的奇迹。而奇迹果然出现了……”

“现在你又想到了什么？你为什么不说出来？”

“我确实想到了一件事……只是这关系到个人隐私，难以启齿……而且，我觉得它与我们的主题毫无联系，不讲也罢。”

“我会考虑的。当然，我不能强迫你说出令你不愉快的事情，但这样一来，你也不能要求我告诉你，你为什么会遗忘‘aliquis’这个词。”

“真的吗？你真的这么想？那好吧。我突然想到了一位女士，她最近告诉我一个消息，使我们俩都很烦恼。”

“是关于她月经不来的事情吗？”

“你怎么会猜到是这件事？”

“这并不难。你一直在为我刚才这个答案作铺垫。你想想，几位圣者的名字与月份相关，圣血的融化发生在特定的某一天，一旦圣血没有融化导致的激动情绪，以及因圣血必然融化而产生本能的惊恐……可见，你已经把圣詹努阿里斯的圣血奇迹和女人的月经联系到了一起。”

“我自己是绝对想不到这些的。你真的觉得，我遗忘‘aliquis’这个词是因为这种焦躁的心情吗？”

“在我看来这是肯定的。你刚才不是把这个词分成‘a’（无）和‘liquis’（液体）两部分，又联想到了‘reliques’（遗迹）、‘liquidation’（清算）和‘fluid’（液体）等词吗？我是不是还得提醒你一点，你由‘reliques’（遗迹）联想到的圣西蒙，他牺牲的时候还是个小孩子呢？”

“请不要再说了。对于刚才这些想法——即使我真的想过——你也不要当真。不过，我愿坦白告诉你，那位女士是意大利人，是她陪我游览了那不勒斯。但这些联结会不会仅仅是个巧合啊？”

“能不能用巧合来解释这一系列的联结，这只能留给你自己来判断。不管怎样，我要告诉你，每一个类似的案例，只要你认真分析，都会得到一个这样巧合的结果！”

我认为这个分析过程很有价值，也很感激我这位旅行的同伴。第一，因为在这个案例中，我能够利用平常很难得到的资料。本书中有关日常生活的心理分析的大多数例子，都不得不局限于我对自身的考察。我诊疗过的神经官能症患者虽然给我提供了丰富的素材，但我尽量避免使用这些材料。因为我担心会招来这样的质疑：那些巧合只是神经官能症的结果和表现。因此，一位非神经官能症的患者能够接受我的检查，对我来说确实是一件很有价值的事情。这次分析还有一个重要的意义，它表现的是一个“不伴有错误忆起”的字词遗忘过程，因此证实了上一章所阐述的那个原则——错误忆起是否出现，对分析结果并不会产生重大的影响。①

---

① 更进一步的观察结果显示，Signorelli 和 aliquis 两个例子之间关于“替代回忆”的差别有所减少。在 Signorelli 的例子中，遗忘似乎也伴有替代生成。后来，我又询问那个同伴，他可曾努力回忆那个忘掉的字，可曾想到什么替代的东西时，他回答说自己最初想在句子里增加“从”字，变成“从我的骨肉”，只是后来发现这与“来自”重复，所以放弃了。我的同伴是个善于怀疑的人，他认为“来自”记得更加牢固，因为它是这一句中第一个词。但是，当我要求他集中注意力于“来自”这个词的时候，他联想到了一个词——“驱邪”。这让我开始猜测同伴牢记“来自”这个词，可能是由于它具有替代作用。这个词的重要性，可能来源于那些圣人的名字，两者要经过 exorcism 的联接。但是，这些新的解释也许有吹毛求疵的嫌疑，不值得过分重视。因此，任何形式的替代回忆都很可能是一个可靠的线索，证明这是一种以抑制作用为动机的有（转下页）

但是，aliquis 这个例子的主要价值在于它和 Signorelli 那个例子的明显差别。在 Signorelli 那个例子中，真实名字再现前受到思绪的干扰，而该思绪与 Signorelli 这个名字没有明确的联系。抑制作用和名字遗忘之间只有时间先后的关系，通过这样一种外在的联结，意志的抑制作用导致了名字的遗忘①。然而，在 aliquis 这个例子中，没有任何抑制性主题来干扰思维。记忆再现所受的干扰来自内部的联结。不知不觉中，他在引用诗句描述的愿景时，内心里已经产生了某种截然相反的“唤起”。

这一种名词遗忘的来源可以这样解释：说话的人正在为他们这一代人的权益被剥夺而感到悲痛，他像狄多一样预言道：新的一代必将勇担重任，抵抗压迫。他这样表达

（接上页）意识的遗忘过程。当然，这种联系很难从字面含义上轻易地找到。替代也可能只存在于被遗忘部分密切联系的成分上，但错误的替代词却没有同时出现。因此，在 Signorelli 的例子中，在我没能回忆起那位画家名字的时间段里，关于壁画的记忆（尤其是他站在一边的情景）反而显得更加清晰。在此有必要介绍另一个 1898 年的例子：经过在某个边远城市的一次不愉快的游览后，我无法回忆起其中的一个住址和那条街的名字，但是房子的号码却清晰地保留了下来。每当我想到这个号码的时候，就会感觉到浑身不自在。

① 我也深深地怀疑，在 Signorelli 的例子中，两种思绪之间没有内在的关联。如果仔细深究死亡与性生活题材中“被抑制的意念”，我们可以得出与奥尔维耶托的壁画题材十分类似的观点。

自己对下一代的期望。就在这时，他的思绪被一个矛盾的想法打断：“你真的对下一代有这么多的期待？恐怕未必。想想如果你现在接到那位女士的消息，说她已经怀有你的孩子，你现在该多难受。其实你不想有后代——虽然你需要他来替你报仇！”与 Signorelli 例子的情形一样，这样的矛盾产生于被压抑的愿望和真实意愿之间。只不过在这个例子中，它表现得更加迂回曲折，看起来有点牵强附会。本例与 Signorelli 例子还有一个共通之处，即抑制作用是矛盾产生的深层原因，使我们分心的那些想法则是直接来源。

关于名字遗忘的这两个案例，表面看来截然不同，本质上却有诸多相通之处。现在，我们又知道了一种遗忘的机制，那就是内心的矛盾通过抑制作用干扰了思维活动。在接下来的讨论中，我还会多次碰到这个过程，而它是我比较容易理解的一件事情。

第三章

名词与词序的遗忘

前一章我们论述了外文单词遗忘的情况。有人会问，母语中的词序遗忘是不是应该用另一种方式来解释呢？想必大家都碰到过这种情况：我们熟记的某个公式或某首诗词，一时只能想起部分词句。当然这种遗忘仅限于其中的某些部分，并不会影响我们学到的所有知识。但是，努力考察分析几个例子后，或许会有一些收获。

布里尔举过这样一个例子：

“有一次，我和一位很有才学的年轻女子聊天，她想引用济慈的一首诗。该诗名为《阿波罗颂》，她是这样说的：

In thy western house of gold

Where thou livest in thy state,

（在你家乡居所西厢的金殿里，）

Bards，that once sublimely told

（诗人们曾经高雅地述说，）

Prosaic truths that came too late.

（那些迟来的平凡真理。）

“在背诵的过程中她多次犹豫，隐约觉得最后一句有某个地方背错了。她查阅了一下书籍，意外地发现，自己不仅最后一句背错了，其他句子中也有好几处错误。正确的诗句是这样的：

ODE TO APOLLO （**阿波罗颂**）

In thy western ***halls*** of gold

When thou ***sittest*** in thy state,

（当你**闲坐**在家乡西厢的金殿里）

Bards, that ***erst*** sublimely told

（诗人们**开始**高雅地述说，）

Heroic deeds and sang of fate.

（英雄的事迹和命运的圣歌。）

（斜体的字句都是被她忘记或者记错了的。）

“她也很惊讶居然错了这么多处，并且归咎于自己记忆力不好。布里尔很快说服了她，她的记忆力没有问题，并且开始回忆在引用此诗之前讨论的话题。

“当时我们正在讨论爱人之间难以估量的人性问题，她认为雨果曾经说过，爱情是世界上最伟大的东西，因为它可以使一名杂货店职员变成天使或者上帝。她还说：‘只有在恋爱的时候，我们才会对人性充满盲目的信心；一切都是那么完整，一切都是那么美好，而且……一切都充满诗意的梦幻色彩。尽管随之而来的往往是可怕的失望，但这终究是很美好、很值得的一种体验。爱可以把我们提升到和诸神同等的地位，可以把我们引向各种艺术的殿堂。我们也成为真正的诗人；我们不仅可以记诵诗歌，引用其中的词句，我们自己也可以成为阿波罗呢。’这时，她引用了那段诗句。

“我问她是什么时候记住这首诗的，她却想不起来了。她是一位发音学的老师，常常要记住很多东西，要她指出什么时候记下这首诗确实有点困难。‘从我们谈话的内容来看，’我提醒她说，‘这首诗大概与这个话题有关，即陷入爱河的人很容易对人性有着过于乐观的估计。你是不是在这样的情境下记住这首诗的?’她想了一会儿，果然想起下面这件事情来：十二年前，十八岁的她爱上了一位年轻男士。两人是在一次业余舞台演出时认识的，那时他正在攻读戏剧，大家都认为他将来能成为戏剧界的一颗巨星，因为他身上具备了一切成功的条件：他身材好、气质佳、很聪明，不过……有点花心。有人提醒她要提防他，但她丝毫不在意，认为这不过是别人出于对她的嫉妒。最初的几个月，一切进展良好。突然有一天，她得知一个坏消息：她心目中的‘阿波罗’，她为之背诵这首诗的那个人，居然和一位富有的女子私奔结婚了。几年后她听别人说，他住在西城，为他岳父管理资产。

“关于刚才背错了的那些诗句，现在就很明白了。‘陷入爱河的人很容易对人性有着过于乐观的估计’这个话题，让她下意识地回忆起一件不愉快的事情——她高估了她爱的男人的人品。她以为他是个神，事实上他却连普通人都不如。这对她来说是一段痛苦的回忆，所以她不愿意让它浮现到意识中来。而她无意识里错误忆起的这些词句则很明显地表明了她目前的心境。原作被她表述得平淡无奇，却很明白地提示了这段往事。”

下面我将引用荣格（C.G.Jung）博士所说的一个例子，也是关于熟记的诗词的字序被遗忘，他是这么和我说的：

“有位男士想要背诵一首他很熟悉的诗，名叫《独自傲立的松树》。他背到‘他觉得困倦’这句时，他说完‘用白色的布’就怎么也想不起下面的诗句来了。他居然把如此著名的诗词给忘了，我觉得不可思议。于是我问他，当背到‘用白色的布’的时候，脑海中联想到了什么。他说他产生了如下这一系列的联想：‘白色的布让我想到尸体上的白布——就是那种用来掩盖死尸的白色麻布——他停顿了一会儿——现在我想到我的一个好朋友——他的兄弟最近刚刚去世——据说是死于心脏病——他身材非常肥胖——我那位朋友也很肥胖，我担心他也会像他兄弟一样——可能是因为他运动太少——听说他去世的消息时，我突然觉得很震惊：类似的事情可能也会发生在我身上，因为我的家人也很肥胖——我的祖父死于心脏病——我自己也有点偏胖，因此，前几天我开始治疗自己的肥胖症。’”

荣格强调道：“在无意识里，这位男士把自己看成被裹上白布的松树了。”

至于下面这个关于字序遗忘的例子，我得感谢我的朋友费伦斯（Ferenczi）博士，他住在布达佩斯。这个例子与前面的不同之处在于，它不是关于引用诗句的遗忘，而是自己所说的话被遗忘。这个例子还揭示了一种不寻常的情况：如果意念存在某种风险，并最终屈从于瞬时欲望时，遗忘会在意念发生分歧的位置出现。在这种情况下，遗忘就成了一种有效的机能。我们冷静思考一番便会明白，内心的挣扎最初可能表现为某种异常，比如遗忘或心理性的性无能。

费伦斯博士的原文是：

“在一次社交聚会中，有人引述道：‘理解一切即宽恕一切。’对此，我说，该句只说第一部分就够了，因为‘宽恕’是上帝和牧师所特用的辞令。有位宾客认为我的观点很好，于是我继续说道——也许是因为我的观点得到了批评家的认可，从而树立了自信——我说，我前段日子还有更好的观点呢。但正当我打算把我之前想到的绝妙主意说出来的时候，我却怎么也想不起来了。我只好马上离开聚会，并把我潜在的思绪都写了下来。我首先想起的是一位朋友的名字，他见证了我渴望的那个主意的诞生，然后我想起事情发生的地点——布达佩斯的一条街道的名字。之后我想起另一位叫 Max 的朋友，我们通常叫他 Maxie。这使我想起‘格言’（maxim）这个词，同时我也想起了那个

“绝妙的”主意——在当时的情景下，有一句很出名的格言被做了一些改动。但奇怪的是，我却又想不起来是哪句格言了，只是想到以下的句子：‘上帝以自身的形象创造了人’，置换一下概念就成了‘人以自身的形象创造了上帝’。这时，我马上把所有的想法都回忆起来了。

“那时，我那位朋友在安德拉什大街上和我说：‘与人性相关的东西，没有一样对我是陌生的。’基于我以往精神分析的经验，我对他说：你可以更进一步地宣称，与动物性相关的东西，没有一样对你是陌生的。”

“我最后终于想起了我想说的那个主意，但我却发现，我不能在当时的聚会上说这事。因为我提到无意识中有强烈动物性的那位朋友，他年轻的太太也在聚会现场。毫无疑问，她在心理上完全接受不了这么无情的观点。这次遗忘使我躲掉了她可能提出的诸多不愉快的问题，以及一些毫无意义的争论，而这也就是‘暂时性遗忘’出现的动因。

“有意思的是，我在聚会中说出来的那句话里，是把神降低为人的发明，而在我遗忘后又努力回忆起的那句话里，则是把人性降低到动物性。地位的降低，是二者的共同点。很明显，这次遗忘的事件不过是‘理解一切即宽恕一切’这个话题的相关意念的延续罢了。”

“我之所以能迅速地把那个想法回忆起来，可能是因为我躲到了空房间，远离了阻挠它出现的社会空间。”

自此，我已经分析了很多关于字序遗忘和错误忆起的例子，其分析结果基本一致，由此我推断，“aliquis”和“阿波罗颂歌”等例中提到的遗忘机制基本上是普遍适用的。正如上述各例，这些遗忘往往和当事人某段痛苦或隐私的往事有关，要把它们作为报告考察分析一番，并不是很方便；因此，我不再多举相关的例子了。不过，不管这些例子具体如何不同，它们所说明的道理是共同的，那就是，被遗忘或错误忆起的事物通过某种方式与无意识里的思绪产生关联，其关联产生的影响导致遗忘的出现。

我们现在回到有关名字遗忘的诱因和动机问题上。这类错误在我自己身上也时常发生，可以找到随手找到一些例子。例如我一直深受偏头痛的困扰，每次发作之前数小时就会出现遗忘名字的先兆。虽然痛得最厉害的时候也不至于让我无法工作，但我却无法回忆起任何名字。

在很多例子中，可能人们都会强烈地反对我的分析。比如我刚提到的这个。看了偏头痛的例子，一般人都会很自然地认为，遗忘，尤其是名字的遗忘，是脑部血流或机制障碍引起的，谁还会花费心思去寻找心理学的解释？其实不尽然，那只表明了一种常规运转机制被偶然变数所取代的情况，在此我们不多加分析，我举出另一个例子作比较，大家就明白了。

假设有一天晚上，我在某大城市一个人迹罕至的街区散步，遭遇到歹徒的袭击。他们抢走了我的手表和钱包。我找到最近的警察局，向警察报案说：“我在那条街上，被孤寂和黑暗抢去了我的手表和钱包。”虽然这几个词语表示的都是当时的实情，但仅从我的原话来看，恐怕有人会认为我脑筋有问题。正确的说法应该是，由于地方孤寂，又在黑夜的笼罩下，我随身携带的值钱物品被不知名的歹徒抢走了。

现在看来，名字的遗忘和上述情形未必有什么不同。因为疲惫、循环障碍或者中毒等原因，我对记忆中名字的控制能力被某种不知名的心理力量所战胜；这种心理力量同样可以影响一个完全健康和清醒的人，从而引起记忆的失常。

当我对发生在自己身上的名字遗忘进行分析时，发现几乎所有被遗忘的名字都和我自身存在某种关联，而且往往会引发我某些强烈而痛楚的感触。借鉴苏黎世学派那些学者（布鲁勒 [Bleuler]、荣格、李克林 [Riklin] 等）简单而值得称道的做法，我也可以这样归纳：被遗忘的名字触及了我的某种“自我情结”。该名字与我的关联是意料之外的，而且往往只是肤浅的关联（多义词或同声词）；一般来说，这些都只是一种局部关联。以下几个例子可以很好地说明：

（例 1）一位病人让我给他在里维埃拉推荐一家疗养院。我知道在热那亚附近就有一家不错的疗养院，甚至记得该院院长的名字。他曾经是我的同事，是位德国人。虽然我敢肯定自己知道这个名字，但就是记不起疗养院的名字。我只好叫这位病人稍等一下，我马上打电话向我的太太求助。

“在热那亚附近，X 医生开的那个疗养院，某某人还在那里接受了很长时间的治疗，它叫什么名字？”

“这个名字你居然也会忘记啊，它叫那威（Nervi，它是‘神经’[nerve] 的复数形式）。”

当然，关于神经的事情我做得太多了。

（例 2）另外一位病人和我聊起附近的避暑胜地，他坚持说除了我所熟悉的两家旅社之外，还有另一家。我和他争辩说那里没有第三家旅社，并告诉他我在那附近度过了七个暑假，肯定比他更了解情况。经我这一争辩，他干脆就把那家旅社的名字说了出来——“第三家旅社的名字叫作

Hochwartner”。一听这名字，我不得不承认，确实有这么一家旅社；事实上，在这七个暑假里，我就住在刚才极力否认存在的这家旅社的旁边。但我为什么会把它的名字及它的存在都忘记了呢？我想可能是因为这个名字和我维也纳的一位同事的名字很像，他从事的专业和我一样。原来它触及了我的“职业情结”。

（例 3）还有一次，我在雷申霍尔火车站买一张火车票，我一时记不起来下一个我经常路过的大站的名字是什么。我只好去查列车时刻表，原来它叫罗斯赫姆（Rosehome）。我回想了一下，马上便明白是哪种关联导致我忘记了这个名字。一个小时前，我刚拜访了住在雷申霍尔附近的妹妹，她的名字叫罗斯（Rose），也就是说，我刚去过 Rosehome（罗斯的家）了。可见，这个名字是被我的“家庭情结”驱赶走的。

（例 4）像“家庭情结”这样导致遗忘的症结还可以列举出很多种。

有一天，一位年轻人向我询问我母亲家族里一个表弟的名字，我见过他很多次，之前我一般都只称呼他的姓氏。后来，我想说他来我家造访的事情时，我却想不起他叫什么。那肯定只是一个寻常的名字，我却怎么想都想不起来。

我走到大街上去看路边的商业广告，当看到他的名字时，我马上就认出来了。

分析表明，我不经意间把那个表弟和我的亲弟弟等同起来了。当时我在想："在相似的情况下，我弟弟是和他一样的处事方式呢，还是截然不同呢？"我表弟的母亲和我母亲的名字正好一样，都叫阿米莉娅（Amelia）。这使得我在表弟和弟弟之间产生了关联。紧接着，我就明白了刚才为什么会无缘无故地就想起了丹尼尔（Daniel）和弗兰克（Frank）这两个名字，因为它们和阿米莉娅一样，都在席勒的话剧《强盗》里出现过；而且它们与维也纳步行者丹尼尔·斯皮泽（Daniel Spitzer）的一个笑话有关。

（例 5）还有一次，我一时想不起和我早年生活有关的一位病人的名字。经过一个漫长而复杂的分析过程，我终于想起了他的名字。这个病人曾经告诉我他害怕自己会失明，由此我想起另外一位因枪击而失明的年轻人，接着我又想到一位举枪自杀的年轻人。虽然他与我的那位病人一点关系都没有，但他们俩正好同名。直到我把这两个例子的恐惧感转移到我的家人身上时，我才想起他的名字。

就这样，"自我关联"像一条延绵的河流在我的意识中流动着，把那些我平常不在意、只在遗忘名字时才会想起的东西呈现出来。看起来好像我是被迫把我从陌生人那里听说的一切都和我自己相比较似的；又好像我的“自我情结”能被别人的任何信息所激活；这种情况似乎也不仅仅是我所独有的，相反，这正说明了我们平时是怎么记住外界事物的。我有理由相信，在这一点上，其他人和我的经历类似。

最好的例子是一位叫雷德勒（Lederer）的先生告诉我的，那是他的亲身经历：他在威尼斯度蜜月时碰到了一位不是很熟的朋友，却又不得不把他介绍给自己的妻子。但他忘记了朋友的名字，为了避免尴尬，他只好莫名其妙地支吾过去了。不凑巧的是，他们在威尼斯又第二次碰见了。他只好把他拉到一旁，请他把被他忘掉的名字告诉他，免得他为难。这位先生的回答表明了人类高超的智慧：“我就知道你记不住我的名字。我的名字和你一样——雷德勒！”

当一个人发现陌生人和自己的名字一样时，多少都会有点不高兴。最近有位名叫 S. 弗洛伊德的病人来看病，我就明显有这种感觉。不过有一位批评家曾反驳我说，在这方面他的反应和我截然相反。

（例 6）荣格告诉我的下述例子同样说明了个人关联的影响。

"Y 先生爱上了一位女士，而她后来嫁给了 X 先生。尽管 Y 先生和 X 先生是老熟人了，两人有着生意往来，但他还是一再地忘记 X 先生的名字。有好几次，当他要和 X 先生打招呼时，他都不得不先向别人打听 X 先生的名字。"

这个例子中名字被遗忘的动机比之前的例子更明显一些，它是个人关联导致的。在此例中，Y 先生遗忘 X 先生的名字的直接原因就是他对 X 先生这位情敌的厌恶；他不想知道 X 先生的任何事情。

（例 7）下面这个例子是费伦斯告诉我的，对这个例子的分析很好地解释了有关"替代忆起"的想法（比如由 Botticelli 到 Boltraffio 到 Signorelli）。它很好地表明了由个人关联引起名字遗忘的另一种方式——

"有位女士对精神分析有一些了解，但她就是想不起精神病医生杨·荣格（Young Jung）的名字。

"她的脑海中先后出现了这些替代的名字：KL.（一个人名）—王尔德（Wilde）—尼采（Nietzsche）—豪普特曼（Hauptmann）。

"我没有告诉她正确的名字，而是让她继续展开自由联想。"

"关于 KL. 她马上想到了 KL. 夫人，相对于她的年龄，

KL. 夫人是一位美丽、讨人喜欢的女士，‘她一点也不显老。’至于对王尔德和尼采这两个名字的主要印象，她想到的是‘精神病’。她又开玩笑地补充道：‘弗洛伊德派会一直探寻精神病的原因，到最后他们自己也会变成精神病人。’她又说道：‘我可受不了王尔德和尼采。我理解不了他们。我听说他们俩都是同性恋。王尔德还成天和年轻人（young）在一块。’（尽管她的言词中已经提到了正确的名字 Young，但她还是没有记起来。）

“至于‘豪普特曼’（Hauptmann），她联想到的是‘half’和‘youth’（年轻人）两个词。当我提醒她注意一下‘youth’这个词时，她才意识到，她一直想回忆起的名字就是杨（Young Jung）。”

这位女士在她 39 岁时失去了丈夫，也不大可能再婚。很明显地，她很想避免年轻或者年老等方面的回忆。值得注意的一点是，她最终回忆起被遗忘的名字，完全是因为二者含义上的关联，与词语的发音没有任何联系。

（例 8）在下面这个名字遗忘的例子中，当事人自己对遗忘动机做出了很好的解释。这与之前的例子不同。

“我参加辅修的哲学科目考试，考官问我伊壁鸠鲁（Epicurus）的学说，还问我知不知道几世纪后是谁继承了他的学说。我回答说是皮埃尔·伽桑狄（Pierre Gassendi），因为两天前我在饭店时偶然听别人说他是伊壁鸠鲁的信徒；考官又问我怎么知道是他，我理直气壮地说自己一直以来对伽桑狄都很感兴趣。就这样我获得了优秀学生的荣誉称号，但我后来总会忘记伽桑狄这个名字。直到现在，不管怎么努力，我还是记不住这个名字，我想大概是我良心上不安吧，因为那时候我其实根本就不了解他。”

我们若能感受到当事人在叙述这件事情时内心强烈的歉疚感，就一定能了解，他得到这个荣誉所付出的代价之高，他所需承受的事情之多。

接下来，我再说一个遗忘城市名字的例子，它可能比上面这些例子更复杂，但该例的分析会使我们的结论更加可靠、更有价值。

这个案例发生在费伦斯医生自己身上。他忘记了一个意大利城市的名字，这个名字富有含义，还与某位女士的姓名发音相似，因此引发了他内心各种情绪的回忆——当然，我们只在此叙述其中的一部分。费伦斯医生本人也把这次遗忘看作是分析梦或者色情念头的过程。

“很久以前我去拜访一位老朋友，我们见面的地点是在意大利北部的一个城市。后来有人聊天时说道这里的人们仍保留着奥地利的传统，还举例说了一些城市。我也想和他说我曾经去过的那个城市。虽然我在那里度过了非常愉快的两天时光，但我实在记不起来它的名字是什么了。当然，这不完全符合弗洛伊德的遗忘理论。我没想起那个城市的名字，替代它出现的是一些其他名字：‘Capua—Brescia—the lion of Brescia（布雷西亚的狮子）”。我亲眼看到过的狮子其实是大理石的狮子雕塑，但我马上发现，与布雷西亚的自由狮子（我只是在图片中见过）相比起来，它更像我在卢塞恩（Lucerne）见过的英雄纪念碑前的大理石狮子，该纪念碑是为缅怀在图伊勒里宫牺牲（Tuileries）的瑞士士兵而建的。最后，我终于想起了那个地名：维罗纳（Verona）。

“我很快就知道了这次遗忘的原因。那次我去拜访的正是我家以前的一位用人。她叫维拉妮卡（Veronica），用匈牙利话说就是维罗纳（Verona）。我很讨厌她的很多生理特征，比如她嘶哑的嗓音，刺耳的声音，还有那让人难以忍受的态度（因为她老觉得自己劳苦功高）。还有，她用粗暴的方式对待家里的孩子们，这点让我觉得很难接受。现在我知道那些替代名字出现的原因了。

“关于‘卡普亚’(Capua)，我首先想到的是‘头颅’

(caput mortuum)。我经常把维拉妮卡的头比作颅骨。匈牙利语‘kapzoi’（贪财）在这一置换过程中起到了很关键的作用。此外，我还找到了‘卡普亚’（Capua）和‘维罗纳’（Verona）之间更直接的联系，比如地理概念上的联系，在意大利语里二者韵律相同等。”

“Brescia 也同样适用，我也找到了隐藏在其中的各种关联。”

“那时候我对维拉妮卡非常厌恶，我觉得她长得很丑。但居然还有人喜欢她，对此我多次表示震惊：‘怎么可能啊？和她亲吻，一定会反胃的。’”

“一般来说，人们提到‘布雷西亚’时不会联想到狮子，而是另外一种野兽，至少在匈牙利是如此。和意大利北部一样，匈牙利最讨厌的名字是‘海瑙将军’（General Haynau），人们往往称呼他为‘布雷西亚鬣狗’（Brescia hyena）。海瑙将军粗暴专制、令人厌恶，由他开始展开联想，一方面，我们会由布雷西亚联想到维罗纳；另一方面，我们由掘墓时发出嘶哑声音的动物（类似于联想到纪念逝者的英雄纪念碑），联想到颅骨，然后联想到维拉妮卡在我无意识里造成恶劣影响的那些令人厌恶的习惯。维拉妮卡那时候的粗暴程度，丝毫不比这位奥地利将军镇压匈牙利和意大利的独立战争时的表现逊色。

“与‘卢塞恩’相关的事情是，有一年暑假，维拉妮卡和她的雇主在卢塞恩附近的一个地方度假。‘瑞典士兵’则再次表示，她不仅粗暴地对待孩子们，也这样对待对家庭中的成年人，于是她扮演了‘女嘉德爵士’（Garde－Dame）的角色。

“我得说明一下，我对维拉妮卡的这种厌恶感已经是很久以前的事情了。自此以后，她不论是在外貌上还是在行为方式上，都改善了很多，于是后来我们见面时也都很友好（当然，我很少能碰到这样的机会）。不过，在我的无意识里，那些不好的印象更加深刻，毕竟积怨太深。

“与图伊里宫（Tuileries）相关的是另一个人物——一位法国老太太，她监护着家里的女性，威望很高，每个人都有点儿怕她。用法文来说，我一直是她的‘小学生’。‘小学生’这个词让我回想起一件事情——以前每次去波希米亚北部找房东的妻弟玩时，我都要笑好半天，因为当地农村人把林地小学的学生叫作‘狮子’。‘鬣狗’之所以被置换成‘狮子’，可能是这个笑话起的作用。”

（例 9）下面这个例子可以说明，“个人症结”如何迂回地影响并导致名字的遗忘。

有两个人，一个年长一些，另一个年轻一些。六个月前他们一起去西西里岛旅游，现在他们一起回忆旅途中快乐和有趣的往事。

“让我想想，那个地方叫什么名字？”年轻人问道：“我们去塞琳娜特（Selinunt）之前是在哪过的夜？卡拉塔菲尼（Calatafini），是不是？”

年长者反驳说：“当然不是了。但我也忘了那个。可我还能清楚地记得起那里的详细信息。当我听别人说忘记某个名字时，我马上也会跟着忘记。我们查查这个地名吧。除了‘卡尔塔尼塞塔’（Caltanisetta）这个名字，我什么也想不出来，但这个肯定是错的。”

“确实不是。”年轻人说道，“那个地名应该是以‘w’开头的，或者包含‘w’这个字母。”

“但意大利语根本就没有‘w’。”年长者反驳说。

“我说的其实是‘v’，我们方言里，它和‘w’是互换使用的。”

然而，年长者还是否认地名里有“v”。他补充道：“我觉得我把西西里岛的很多地名都给忘了。我们试着去查一下吧。比如，那个很高的地方，古代叫作‘依娜’（Enna），它叫什么名字？”

“啊，那个我知道，它叫‘卡斯特拉吉万尼’(Castrogiovanni)。”紧接着，年轻人想起了刚才被遗忘的那个地名并大声喊了出来：“卡斯泰尔韦特拉诺(Castelvetrano)！”这个地名中果然有个“v”，因此他很得意。

有好一会，年长者还是觉得这个名字不正确。当他认可这个名字后，他马上明白自己为什么会忘记它。他说：“这个地名的后半部分是‘vetrano’，让我想起‘veteran’(老兵)。而我还不急于考虑变老的问题，一提到这个我就觉得不舒服。最近，我在想到一位很敬重的朋友时，我用了一个几乎算不上错误的措辞——‘早已远离青春年华’(long ago passed the years of youth)，因为此前他自己曾经很谦恭地说道，‘我再也不年轻了。’在我想到的替代词语‘卡尔塔尼塞塔’(Caltanisetta) 中，正确的地名‘卡斯泰尔韦特拉诺’(Castelvetrano) 的前半部分已经出现了，可见，我只是在抵制该词的后半部分。”

“那么‘卡尔塔尼塞塔’(Caltanisetta) 这个词本身又说明了什么呢？”年轻人问道。

“对我来说，这个名字有点像年轻女子的昵称。”年长者坦白道。

过了会他又说："'依娜'（Enna）这个名字也只是个替代名字。现在我想明白了：我分析了一番后，'卡斯特拉吉万尼'（Castrogiovanni）这个名字自己就冒了出来，因为它特别暗示了'吉万斯'（giovance），也就是'年轻'（young）；而最终正确的地名'泰尔韦特拉诺'（Castelvetrano）则暗示着'老兵'（veteran）。"

经过上述分析，年长者认为自己已经弄明白遗忘的原因了。但对于年轻人来说，是什么动机使他忘了那个地名呢，这点我们没有考察。

在一些案例中，要解释遗忘名字的原因，我们必须求助于心理分析机制。如果想了解相关的著作，我推荐大家去看 E. 琼斯教授的作品。

我还可以举出很多名字遗忘的例子，进行更深入的讨论，不过还是留到接下来的章节再作具体的阐述吧。在此，我用几句话把我们的分析结果概括一下。

遗忘的机制，尤其是暂时性的名字遗忘，来源于当时无意识里的某种想法，它阻挠了记忆的再现。被阻挠而遗忘的名字和阻挠性症结之间存在着某种关联，它可能是一开始就存在的，也有可能是由于表面（外在）的关系而被人创造出来的关联。

从前面的例子可以看出，自我关联情结（自我情结、家庭情结或者职业情结）被证明是最有效的阻挠性情结。

一个名字如果有多种含义，就会和很多种想法产生关联。在关联过程中，如果某种症结的影响力更强大，我们的想法可能就被引导到错误的关联上去了。

避免唤醒记忆中的痛苦，是这些阻挠的动机之一。

一般来说，我们可以把名字遗忘分为两大类：一类是名字本身就和某些不愉快的事情有关；另一类是名字和其他想法相关联，而该想法与不愉快的事情有关。也就是说，名字要么由于自身的原因，要么由于与之相近的某个事物的原因，从而被遗忘。

回顾一下之前的原理，我们可以相信，名字的暂时性遗忘是我们心智功能中最常见的错误行为。

然而，我们对名字遗忘的特征描述还远远不够。在此，我要提醒大家注意一点，名字遗忘极具传染性。两个人谈话时，其中一个人只要忘了这个或者那个名字，往往就能引发对方也有类似的记忆失灵。不过这种情况下遗忘的名字，往往更容易被回想起来。

还有一种连续遗忘名字的情况，一整串的名字都记不起来。如果在回想被遗忘的名字的过程中，我们找到了一些与该名字有关的名字，而这些新想起来的名字也经常会被遗忘。于是，我们遗忘了一个名字，紧接着又会遗忘另一个，这似乎在提醒我们，还存在着一个不易消除的障碍。

第四章

童年回忆与遮蔽性记忆

在我的另一篇文章里，我曾用一种独到的方式证明记忆是有意发生的。我首先摆出一个事实：我们保留的童年的回忆，往往是一些不重要的、偶然的事情（即便不完全如此，大多数情况下也如此），但是童年里重大的、影响深远的事情到成年却都忘记了。我们知道，对于各种印象，记忆按照一定的方式进行选择。我们可以从逻辑上进行假设，童年和成人选择的原则完全不同。然而，进一步研究就会发现，这样的假设是肤浅的。童年的琐碎记忆之所以存在，是由于“置换作用”。精神分析方法表明，在记忆再现的过程中，那些非常重要的印象受阻不能被回忆起来，这些琐碎记忆便成了替代品。它们自身的内容并没有存在的价值，而是由于其内容与某些被压抑的想法有关联，为了表述这种现象，我把它们称之为“遮蔽性记忆”。

在我刚才提到的那篇文章里，我提到了遮蔽性记忆的关系及内涵等，但没有详细论述。在文章中我举了一个例子并进行了深入的分析，我尤其强调了遮蔽性记忆和被遮蔽的记忆之间的时间顺序。在那个例子中，遮蔽性记忆是婴儿一岁之前的事情，而它所代表的意义却一直没有被意识到，直到后来的成人时期才被发现。我把这种置换的形式称为“逆向的遮蔽性记忆”或“回归的遮蔽性回忆”。更为常见的可能是另一种关系，即早期某件事情由于受阻不能直接被回忆起来，后来一个无关紧要的记忆因为与之存在某种关联，成为遮蔽性记忆。我们称之为“侵占或介入式的遮蔽性记忆”，它最重要的特点是遮蔽性记忆出现在被遮蔽的记忆之后。还有第三种情况，遮蔽性记忆与被遮蔽的记忆之间不仅在内容上存在关联，在时间上也很相近，这就是“同时的邻近的遮蔽性记忆”。

至于遮蔽性记忆在所有记忆中占多大的比例，它对神经官能症有什么样的影响等问题，我没有考察过，在此就不做论述。我想强调的是，遮蔽性记忆的形成与专有名词遗忘并错误提取的现象有相似之处。

乍一看，这两种现象相似之处甚少，其相异的特征更为明显。前几章我们关注的是正确的名字，而这一章我们要讨论的是实际发生过的，或者我们意识中以为发生过的某种完整的经历。之前我们分析的是记忆功能的失效，现在我们要分析一些看来奇特的记忆行为。此外，前几章中名字的遗忘只是一种暂时性的思维障碍——因为被遗忘的那个名字我们之前一直记得，甚至说过不下百次，以后的日子也不会再次被遗忘；在这一章我们讨论的是一种持续的状态，并不存在什么思维障碍——童年时期那些无关紧要的记忆往往能够一直保留在脑海中，有的甚至终生难忘。对于这两种不同的问题，我们必须用不同的方法来解决。之前谈的是遗忘，现在要谈的是回忆起来，这也激发了我们学术研究的好奇心。

深入考察后我们就会发现，虽然二者的研究对象及时间持续长短不同，然而它们之间存在的一致性却更为重要。在两种情况下，我们都是在分析记忆的失灵：原本应该回忆起来的事情想不起来，而另外一些事情却被替代回忆起来。在名字遗忘的例子中，我们虽然遗忘了某个名字，但同时替代回忆起了另一个名字——记忆功能并没有缺失，而遮蔽性记忆则建立在遗忘了某件重要往事的基础上。

我们仔细分析一下这两种情形，就会觉得二者都受到了某种干扰力量的阻碍，只是干扰的形式有所不同罢了。在名词遗忘例子中，我们能够意识到替代名词是错误的，而在遮蔽性记忆的情况下，当真实记忆被回忆起来时，我们自己也会觉得很惊讶。这两种情况的材料多样性、持续时间、研究重心完全不同，如果通过心理分析我们可以推断出二者的替代作用是一样的——即通过一些表面的关联而产生置换作用——那我们就可以大胆地宣称，我们从中找到了一些重要的、普适的规律，即记忆再现时受阻或出现歧误，往往是在暗示我们有某种主观偏见在起着阻挠作用，这一偏见使我们更容易回忆起某件往事，同时阻碍我们回忆起另一件。我觉得童年记忆很重要，研究起来也很有趣，在此我想多谈一些。

我们童年的记忆到底可以回溯到什么时候？亨利兄弟和波特文等人对该问题进行了研究。我看过其部分研究成果，也了解一些情况。他们根据相关的调查指出，人们在这方面存在着相当大的差别。有的人童年的记忆甚至可以回溯到六个月大的时候，而有的人却连六岁，甚至八岁之前的事情都忘光了。这些童年记忆的个体差异之间有什么联系，有什么意义？要想回答这些问题，仅仅依靠一些简单的问卷调查显然是不够的，我们还必须让提供信息的当事人参与到后期的研究过程中来。

对于婴儿期遗忘这一现象——即不能回忆起我们生命最早期的记忆，我们都坦然接受了，丝毫没有看到它的奇妙、值得质疑之处。我们大概忘了，一个四岁的小孩，其心智已经如何的成形，情感已经如何的复杂。我们需要思考一下，为什么后来的记忆里一般都很少保留这些早期的记忆？那些被遗忘的童年往事对我们后来的人生发展产生了深远而重要的影响，但它们却被我们遗忘了，为什么呢？这或许暗示着，记忆的形成（在意识里再现）需要特定的条件，但以我们目前的知识还无法准确界定。根据我们新近的研究，神经官能症症状出现时会导致遗忘，对童年遗忘的研究或许会使我们对此有更多的了解。

我们脑海中保留的童年记忆，有的看起来相当合理，而有的则看似奇怪和不可理喻。但对于这两类回忆，我们都不难从中挑出错误来。我们用专业测验来测试一下某人的记忆，便会发现，谁也保证不了自己的记忆都是正确的。有的记忆场景纯属虚构或者残缺不全，有的记忆则是时间和地点不对。被测试者中有的人宣称自己的记忆可以追溯至两岁甚至更早，这些显然也不可信。回忆过程中出现变形或置换的动机是什么，我们很快就可以找出来。它表明记忆失灵不仅仅只是记忆不可靠的结果。童年以后的一些强势力量，决定了我们童年记忆的容量；也可能就是这种力量，使我们童年的回忆如此的奇异。

我们知道，成人回忆往事时会借用不同的心理材料。有的人靠视觉图像而回忆起来——他们的记忆就是视觉化的；有的人却一点也回忆不起往事的情景来。夏科（Charcot）医生把前者称为“视觉人”，后者称为“听觉人”“运动觉人”，以示区别。然而这一区别在梦中并不存在，所有的梦都以视觉为主。童年记忆和梦一样，它也是塑形的、视觉的；即便有的人长大后的记忆不再以视觉为主，其童年记忆也是视觉的。可以说，视觉化是童年记忆的特征。就我自己而言，只有童年记忆是视觉化的，它们形成了各种情景，简直就像舞台布景一样。

在童年记忆里，不管是真是假，我们都能“看”到幼时的自己，长什么样子，穿什么衣服等。我们必须注意这一点，因为成年人在回忆童年之后的往事时，并不会看到他们自己。另外，根据我们自身的经历就可以判断，孩子的注意力只在自身而不在外界这样的说法是站不住脚的。①

① 我确信这是对自己进行大量观察后得出的结论。

综合这些因素，我们可以假设，所谓的童年记忆并不是真的记忆，而是对类似经历进行加工润色的产物——这种润饰作用是后来各种心智力量的影响所致。对童年记忆的这些考察，进一步表明了“遮蔽性记忆”的作用。与民族神话、传说一样，童年记忆也就是这么一点点积累起来的。

只要用精神分析方法去考察，一定能搜集到很多有关遮蔽性记忆的例子。然而，由于童年记忆与日后的生活有着上述的密切关系，这种实例报告也实在不好做。因为，如果想通过童年记忆来考察遮蔽性记忆，差不多要把这个人的整个生活史呈现出来。也只有在少数情况下，我们能够从生活中截取一小段来做童年记忆的分析，如下面这个例子。

有个年轻人今年二十四岁，他记忆中保存着如下这一幕情景：他五岁的时候，在花园的凉亭里，他坐在姑姑身边的凳子上，她正在教他认字母。他觉得自己分不清“m”和“n”，就让姑姑告诉他二者之间的区别。姑姑让他注意这一点：“m”这个字母比“n”多了一部分（一笔）。这个童年回忆本没什么可疑之处，直到后来，当它表现为孩子的另一种好奇心时，我们才了解到它的含义。就像当时他想知道“m”和“n”的区别一样，后来他就想知道男孩和女孩有什么不同，他希望姑姑在这方面也能教教他。他还发现，两件事情的差别很相似，男孩也就是比女孩多了一部分。恰恰当他发现了这一点的时候，他也记住了孩提时的好奇心。

在此，我再举个例子来说明一下，有的童年记忆看起来毫无逻辑，经分析之后就是合情合理的了。我 43 岁那一年，对自己的童年记忆开始感兴趣，在很长一段时间里，我总是会想到一个情景。经过考证，它发生在我 3 岁之前。我看见我自己在柜子前，柜门开着，我同父异母的哥哥手扶着柜门，他比我大 20 岁。我站在那里，想要什么东西，大声地哭喊着。我妈妈突然进来了，那时候她还很好看、很苗条，她好像是刚逛街回来。

上面这段话很生动地描述了当时的情景，但我再想就想不出其他什么来了。我的哥哥是要打开还是要锁上柜门呢？（我首先想到的是“食橱”）。我为什么会大哭呢？我妈妈又怎么会出现呢？所有这些问题，我都想不明白。我禁不住猜想，是不是我哥哥正在做什么恶作剧，被妈妈进来阻止了。在我们脑海中，类似的童年记忆是很常见的；我们记得起当时的场景，却记不住具体发生了什么事情；在诸多因素中，到底什么是我们心理分析的重点，我们也不明白。经过一番分析，我回想起了该场景下发生的事情，完全出乎我的意料。当时，我很想念妈妈，还以为妈妈被锁在了这个食橱或柜子里，因此我要哥哥把锁打开。他打开锁后我看到妈妈确实不在里面，就哭了起来——就是这个场景，在我脑海中印象非常深刻——再后来，妈妈出现了，我就不再担忧和害怕了。

但是一个小孩子怎么会认为妈妈找不到了就在柜子里呢？正当我苦苦思索这个问题的时候，我做了一个梦，朦胧中梦见了小时候的一个保姆，我还记得起一些与她相关的事情。比如，她厚颜无耻地逼迫我把别人给我的零钱都上缴给她——我想，这件琐事或许会成为后来发生的事情的遮蔽性记忆呢。我想快点找出答案，便向现已年迈的母亲打听这位保姆。她和我说了很多事情，其中一件事情是：这位狡猾、不忠的仆人曾趁着母亲卧病时偷走了很多东西，我哥哥便把她告上了法庭。

听母亲说了这件事情后，我终于明白为什么我会记得起童年的那个场景。当时，保姆突然消失对我影响很大，我就去问我那个哥哥她去哪里了，大概因为我知道她的消失和他有关。我哥哥是一个说话闪烁其词的聪明人，他告诉我，她被关到柜子里去了。对此回答，我用小孩子的方式进行理解，以为事情真是这样的，也没有再问。不久后，当妈妈不在身边时，我就以为我那顽皮的哥哥像对待保姆一样，把妈妈也锁进柜子里，所以我逼着他去打开柜子。

我也了解到，在那段回忆浮现到脑海中时，为什么我尤其记得当时母亲纤瘦的体形，一定是她当时的体形变化在我脑海中留下了深刻的印象。当时，比我小两岁半的妹妹刚刚出生，而我三岁的时候，我和那位同父异母的哥哥就分开居住了。

第五章

口　误

我们习惯了母语遣词造句的方式，也就不太容易遗忘，但在语言的实际使用过程中，我们往往会受到另一种干扰，那就是我们都熟悉的“口误”。在我们的印象中，正常人的口误和“言语错乱症”患者（paraphasias）的早期症状看起来差不多。

阅读了之前有关这个主题的著作后，我发觉自己的见解和他们有所不同。1895年，梅林格（Meringer）和梅耶（Mayer）共同出版了一本关于口误和误读的书，我不同意他们的观点。本书作者之一，也是书中诸多事例的当事人，是一位对语言学很感兴趣的哲学家。他想从这些口误的例子中找出一些共通的法则，由此论证“精确的心理机制”的存在，“因此，每个字、每个词，甚至每句话，它们的发音都存在着某种特殊的关系或关联”。

该书收集了不少口误的例子，并把它们按照描述对象来分类：置换式（interchangings）口误，如把“Venus of Milo”（米洛的维纳斯）说成“Milo of Venus”（维纳斯的米洛）；前移式（anticipations）口误，如把“the shoes made her ***feet sore***”说成“the shoes made her ***sorft***”（在此例中 sore 被放到 feet 之前，并由 sore feet 演变成 sorft）；余音后移式（echoes and post positions）口误；拼凑式口误（contaminations），如把“I will soon go home and I will see him”说成“I will soon him home”；替代式（substitutions）口误，如把“he entrusted his money to a savings ***crank***”说成“a savings ***bank***”。除了这些主要类型外，还有一些不那么重要的类型（或者说，对于我们的研究目的来说不是很重要）。在这种分类里，不管是置换式口误、变形式口误，还是混淆式口误，他们都没有考虑该口误涉及的是一个词语或者一个音节的发音，还是该句话中的所有字词的发音。

梅林格假设，在这些不同形式的口误中，语音所起的作用不同。当我们受神经中枢支配想要说出一个字的第一个音节，或者一句话里的第一个字时，该神经支配的过程已经延伸到了后面的音节或者字句，二者几乎是同时进行的，相互之间还会产生某种影响。这时，心理上更强大的声音会抢先冒出来，或者会带出一些余音，这就导致那些不太重要的部分不能顺利说出口。因此，我们必须找到字词中最强大、最重要的音节是哪个。梅林洛说：“要想知道哪个音是最强音，我们可以回想一下，当我们遗忘某个词语（比如一个名字）的时候是什么样的状况——我们首先回忆起来的音节，必然就是被遗忘语句中的最强音。由此我们发现，一个字里最重要的语音是这个字的主音节的第一个音，或者是这个字的第一个音，有时候还是一两个重读元音节。”

看到这里，我忍不住要提出我的异议。在名字遗忘的情形中，不管第一个音节是不是单词的最重要部分，当它被遗忘后，我们首先回忆起来的音节肯定不会总是它。从这一点就可以看出，以上的论断毫无价值。的确，我们去回忆一个遗忘了的名字的时候，往往会强迫自己说出该名字的第一个字母，不过结果表明，这个印象有时候是对的，有时候是错的。而且，我还可以断言，在多数情况下，人们想起来的第一个字母都是错误的。在我们之前提到的“Signorelli”这个例子里，替代回忆起来的名字中并没有出现它的第一个音节，主音节也没出现，倒是不重要的音节“elli”首先回到了意识里，使我们替代回忆起来了“Botticelli”这个词。

下面这个例子可以向我们证明，替代名字与被遗忘名字的第一个音节没什么关联。有一天，我发现自己想不起来以蒙特卡洛（Mento Carlo）为首都的那个小国家的名字了。我想到了以下几个替代名字：皮埃蒙特（Piedmont）——阿尔巴尼亚（Albania）——蒙特维迪亚（Montevideo）——柯里科（Colico）。想到“阿尔巴尼亚”（Albania）时，“蒙特内哥罗”(Montenegro)这个词突然浮现在我脑海，我很快发现，“蒙特”（Mont）这个音节出现了好几次。于是，我很容易由“阿尔伯特”王子（Prince Albert）想到了被我遗忘的国名“摩纳哥”（Monaco）。至于“柯里科”（Colico）这个词，它不管在音节上还是在韵律上都和“摩纳哥”（Monaco）很像。

关于口误的发生机制，如果我们认为它和前面讨论过的名字遗忘的情况类似，那我们就可以进一步进行如下的考证。首先，由于受该句中另一部分前置或者回声的干扰，或者该句中含有不同于当事人想说的意思，语言可能会出现障碍，表现出来就是口误。另外，就像 Signorelli 例子描述的情况一样，语言的干扰可能是受了该词、该句及上下语境之外的某种因素的影响——我们本无意把它表达出来，也只有在口误时才会感觉到它的存在。这两种口误情形的相似之处在于，它们同时受到了某种干扰，其不同之处在于，前者的干扰对象在语句或者其含义之内，而后者则在其外。

一旦我们从口误的症状中推导出特定的线索，两种情形之间的差别就会变得巨大。显然，只有在第一种情形下，我们才能推断出，声音和字词的相互影响，从而导致口误，这也正是语言学家研究口误现象所希望得到的结论。而在第二种情形下，干扰来源于语句之外，我们首先要做的是找到这个干扰源，然后才能去探讨，这种干扰导致的口误是否也符合上述规律。

口误有时候是由于“复杂的心理影响”，也就是说，原字句或原词序之外的一些因素在起作用，梅林格和梅耶也未必完全不知道这一点。其实他们心里也清楚，严格意义上说，语音导致心理变化的理论只能用来解释语音受干扰的情况，以及前移音（fore-sounds）、后移音（after-sounds）的情况。当口误不能归结为语音干扰时，比如在替代或拼凑字句的情况下，他们也只能去原语句之外探求口误发生的原因，再找一些恰当的例子来说明该原因如何正确。作者对此的解释是，原句之外的某些字词与句子中的某些字词存在着相似之处，因此之外的字词无意识里冒了出来，导致了变形、合成或者一种妥协的形式（即拼凑）。

在我的另一本书《梦的解析》中，我阐述了凝缩效果（condensation）在“梦的隐意”(latent thoughts of the dream）过渡到“梦的显意”(manifest contents of the dream）过程中起到的作用。我们发现，凝缩效果在梦的建构中起到了非常重要的作用：对于两种不同的事物，只要它们在客观上或者表述上存在相似之处，不经意间被合成或者交融，即可形成一个新的事物。在梦境中，这个新事物同时代表了原来的两件事物，因此，它往往表现得前后矛盾。而在口误的情况下，替代或拼凑作用与梦的凝缩作用差不多。

梅林格曾经在一本通俗读物中提出了一个很切合实际的观点，很好地解释了文字倒置的情形，尤其是一个词被它的反义词所替代的情形。他说：“我还记得不久前澳洲众议院议长在致开幕辞时说：‘尊敬的先生们，今天到场的有某某及某某先生。在此我宣布，会议**闭幕**！’”台下哄堂大笑起来，他马上意识到并及时纠正了刚才的口误。在这个例子中，可能的解释是，这位议长觉得此次会议对他没有什么利益可言，他希望它早点闭幕。这种想法至少部分

地暴露了出来——一般来说都是这样——导致他把“开幕”说成了恰恰与原意相反的“闭幕”。经过多年的考察，我发现，我们经常会误用意思相反的词语；在我们的言语意识（speech consciousness）里，它们一直存在着关联；它们经常混在一起，并且很容易被错误唤起。

在议长这个例子中，我们的解释是：他内心的真实想法与要说出口的话相矛盾，因此导致口误的出现。然而，并不是所有反义词替代的案例都这么简单。我们前面提到过的“aliquis”案例的情况与之相似，也是由于内心的矛盾，不过那个例子中的结果是遗忘了原本的词，而上面这个例子是用一个反义词替代了原本的词。至于为什么会出现不同的结果，我们得注意这一点：aliquis 这个词不像“开”和“闭”这样有着明确的反义词，而且“开”是我们日常语言中很常见的词，不容易被遗忘。

以上几个例子表明，口误可能是受前移音、后移音的影响，还会受我们想说的那句话中某个词的影响。而且，它也可能是我们想说的那句话之外的某个因素发挥了作用，而这种作用一般很难被察觉。接下来我们要做的是，看看这两类口误是否可以区分开来；面对具体的实例时，怎样判断它属于这一类还是那一类。

讨论到这里，我想提一提冯特先生（Wundt）的一些观点。他最近出版了一本有关语言发展的著作，其中论述了口误的种种表现。冯特认为，在口误及类似的现象中，必然存在一定程度的心理因素的影响。“已经说出口的话语，在语音和语义方面必然会产生一些自由联想，从而影响接下来的字词的发音，这是导致口误出现的决定性因素。一般情况下，在我们心里有一种意志的力量在抑制着这种联想的趋势，一旦这股压抑的意志力松弛下来，或者我们主观有意地要进行某方面的联想时，口误就会很容易出现了。这种联想的作用，会有各种不同的表现：有时候是把本不应该出现的词语提前说了出来；有时候是把之前说过的话又再次提起；有时候是一个常见的声音，夹杂在我们的语句中；还有的时候，联想到的话语和之前说出口的话语之间，在发音上完全不同。以上种种现象，不过是联想的指向不同，或者是联想发生时的具体情况存在差别，其本质属性都一样。对于一些例子，我们难以决定把它归为哪一类；还有一些例子，是多种动机同时发挥作用而导致的口误，这时候，用‘遵从原因多样性原则’来解释或许会更合适。”

冯特的这番见解令人信服，极具启发性。或许我们可以更进一步说，导致口误出现的因素（相关联想的作用，及其反面——压抑该联想的意志力的松弛）通常同时发挥作用，二者不过是同一现象的不同方面罢了。压抑力量的松弛往往伴随着自由联想，或者更直接一点说，压抑力量的松弛导致自由联想更加活跃起来。

在我收集的关于口误的例子中，很难找到一个例子，仅仅是由“语音的联结效果”（这是冯特的说法）而引起的。几乎无一例外地，除了这个原因，我还可以找到语句之外的某种干扰因素的影响。这个干扰因素或者是某个下意识的想法——因为口误它浮现出来，而且，只有我们仔细分析后它才会出现在意识中，或者是某种更宽泛的心理动机——它与我们所说的整句话相悖。

（例 1）我的女儿吃苹果时看起来很不愉快，我想引用下面这首诗来逗乐她：

The ape he is a funny sight,
When in the apple he takes a bite.
（猿猴是如此的滑稽啊，
当它咬了一口苹果的时候。）

但我一张口就说错了："苹猴……"（The apel），这似乎是"猿猴"（ape）和"苹果"（apple）拼凑而成，或者也可以看成是把后面要说的"苹果"（apple）前移了。当时事情的具体情况是，之前我已经把这句话说了一遍，没有说错。但我女儿分心了没听见，我只好再说一遍，这时候就说错了。我想，重复述说时我有点不耐烦，希望快点把它念完，这大概是出现口误的原因，而这次口误的表现是凝缩效果（condensation）。

（例 2）我的女儿对我说："我给 Sch**r**esinger 太太写信了。"事实上，这位女士的名字应该是 Sch**l**esinger。这个口误或许是因为"r"和"l"发音相似，导致了混淆。但我得说明一点，这次口误就发生在我把 ape 误说成 apel 之后不久。可见，口误有很强的传染性。梅林格和梅耶在论述名字遗忘时也提到了这一点。但如何解释这一心理层面的传染现象，我还没弄明白。

（例 3）一位病人刚开始诊疗就对我说："我觉得自己像一把折叠刀一样被折起来（shut up）了。"但她把"shut"误说成了"sut"（少说了一个字母"h"）。这次口误或许可以看成是两个相似发音被混淆了。但当我提醒她注意一下刚才的口误时，她马上说："是的，我的口误大概是因为您刚才把‘earnest’(诚挚的)说成了‘ernesht’(多说了一个字母‘h’)”。事实确实如此，今天我见到她时就说："今天，我们俩得诚挚地谈谈。"(因为这是她诊疗周期的最后一次谈话了)而说这句话时我开玩笑地把“earnest”(诚挚的)说成了“earnesht”。在这最后一次谈话过程中，她多次出现口误。经考察后我发现，她的口误不仅是受了我的传染，更是因为“earnest”这个词(与之相关的是“Ernst”)牵动了她下意识的一些情感[①]。

(例 4)一位女士和我说起她孩子发明的一个游戏，名叫“the man in the box”(箱子里的人)，而她却误说成“the manx in the boc”。我很快就明白了她为什么会出现这个口误。那段时间我正给她做梦的解析，在梦里她的丈夫是个很慷慨的人——这恰好与事实相反。此前一天，她要丈夫给自己买一件新皮衣，但他不肯，还说，他可出不起这么多钱。她怪丈夫太吝啬，说他把“什么都塞进保险箱(box)里”，还提到一位女友的丈夫，收入还不如他

① 后来发现，当时她的无意识里正在为怀孕和避孕的问题困扰。“像口袋刀那样折叠”只是表达出了她意识里的抱怨，本意实际上是指婴儿在子宫里的形状。我提到的“earnest”让她想起了 S.Ernst 的名字——那是位于维也纳卡舍纳街的一家大公司，素以避孕用具类广告闻名。

多，却送给太太一件貂皮（mink）大衣作为生日礼物。现在我们可以明白为什么会出现那个口误了。口误说出来的“manx”这个词，表示的是她想要“minks”（貂皮大衣）；“box”则与她丈夫的吝啬有关。

（例 5）另一位病人的口误的发生机制与上例相似，不过她出现口误是由于突然记起了一件被遗忘多年的童年往事。小时候曾经有个好色的人伸手摸了她一把，但她忘了当时他摸的是自己身体的哪个部位。后来，她去看望一位好友，两人聊起以前一起度过的暑假时光。朋友问她老家住宅的具体位置在哪里，她脱口而出：“在山腰上”，而事实上是“在山路边”。

（例 6）还有一位病人来访，临走时我问她：“你伯父最近好吗？”她回答道：“我不知道，我现在也只是**恶意地**（in flagranti）去看他。”

第二天她对我说：“昨天我那句愚蠢的回答，让我觉得很不好意思。我老把外语字词的意思弄错，你一定觉得我是个没教养的人吧！我昨天想说的其实是‘偶然地’（en passant）。”当时我并不知道她为什么会错用这个外语单词。但在那天接下来的谈话里，她顺着前一天没讲完的话题回忆起童年的某个充满恶意（in flagranti）的场面。可见，前一天的口误说成“恶意地”，不过是当时还没有浮现在意识层面的那个童年记忆的前移。

（例 7）我和一位病人在谈论她暑假的安排，她说：“这个暑假我主要将待在 Elberlon（译注：某个地名）。”她发现自己把地名说错了，让我帮她分析一下。由 Elberlon，她联想到的是：Jersey 海岸的沙滩——度假村——暑假旅行。这使她回想起当初她和表哥一起去欧洲旅行，我们前一天释梦时曾经提到过这件事情。那个梦表明她讨厌那个表哥，她说，之所以讨厌他，是因为他们俩旅行时碰到一个男的，他居然很喜欢她表哥。在释梦的过程中，她记不起来是在哪个城市碰到了那个男的，由于当时我们讨论的是另一方面的问题，对此我也没留心。我让她再好好想想，从 Elberlon 会联想到什么，她说：“我想到了，Elberlawn—lawn—field—Elberfield。”而 Elberleld 就是她忘了的那个德国城市的名字。可见，在这个例子中，口误的词语间接地让她回想起了一件不愉快的往事。

（例 8）一位女士对我说：“你想买地毯的话，我推荐你去马修（Matthew）大街的商店（Merchant）”我复述道：“要去马修家——噢，是去商店——”我复述一个名字的时候不经意说成了另一个，好像是因为我分心了。事实确实如此，对于我来说，在这位女士所说的那句话里，另外一些词语比“地毯”更重要。马修大街是我妻子初嫁时住的地方，房子的大门正对着的是另一条街道，我已经忘了它的名字，经过迂回的联想，我才回忆起这个街道名。马修大街这个名字使我分心，因为我当时以为它就是被我遗忘的那个街道名。相对于“商店”来说，“马修”作为替代词语出现更合适，因为后者是一个人名，而前者不是。被我遗忘的那条街道名正好也是个人名：拉德茨基（Radetzky）。

（例 9）有一位女士第一次来我这里诊疗，从她的经历来看，她的神经官能症主要是由于婚姻生活的不愉快而致。我没有给她任何引导和暗示，她就一直在说他们夫妻之间的各种问题。她说，她和丈夫已经分居六个月了，最后一次碰到他是在剧院，那次她去看话剧《606 号官员》。我提醒了一下，她马上就发现自己说错了，解释道：“我想要说的是《666 号官员》(这是当前很出名的一部话剧)。”我打算分析一下该口误出现的原因。经过一番考察和分析，我发现，原来她和丈夫决裂的直接原因是她患病了，而该病由“606”号医生负责诊治。

（例 10）一位病人来看病之前打电话进行预约，并问我诊疗费是多少。我告诉他，第一次诊疗费为十元。当他过来接受了诊疗后，他又问我该付多少钱，还说：“我不喜欢欠别人钱，尤其不喜欢欠医生的钱。我宁愿马上付清（pay）。”而他说出口的却是“play”(玩弄)，而不是“pay”(付清)。他最后这番话说得很不自然，再加上刚才这个口误，让我有点警觉。我们又闲聊了几句，他伸手去掏口袋，我也就放心了。结果，他掏出四张一元的纸币，口袋里就再没钱了。他显得很吃惊和沮丧，赶紧向我承诺，稍后一定把支票送过来给我。从他刚才的口误中我已经知道，他不过是想“玩弄”我罢了，但我也拿他没办法。几周后，我把账单按照他留的地址寄了出去，几天后我收到了邮局的退信，信上赫然印着“查无此人”。

（例 11）X 小姐谈到 Y 先生时，显得非常热情。这件事情未免有点奇怪，因为此前她对他一直态度冷淡，甚至有点轻蔑。我问她为什么会心思大变，她说：“我对他一直没什么意见啊。他总是对我这么好，只是我一直没给他培养（cultivate）感情的机会罢了。”然而她却误说成了“cuptivate”，这个奇怪的词是“培养”(cultivate）和“捕获芳心”(captivate）两个词拼凑在一起而成，这预示了他们将会订婚。

（例 12）在以下这个口误的例子中，我们可以看到拼凑作用和凝缩作用。W 小姐认为 Z 小姐是个刻板（straitlaced）的人，X 小姐接着说："是的，这个描述很正确，她给我的印象就是非常'straicet-brazed'。"这个口误的词语可以分解为"刻板"（straitlaced）、"厚颜无耻"（brazen-laced）两个词，说明她很同意 W 小姐对 Z 小姐的看法。

（例 13）我的同行斯特克尔医生在 1904 年 1 月的《柏林日报》（***Berlin Tageblatt***）上发表了一篇文章《无意识的表露》（"Unconscious Confessions"），接下来，我将从中引用几个例子。

"在下面这个例子中，我心中一些不好的想法通过某种不好的方式表露了出来。首先我要说明的一点是，作为一名职业的心理学家，我从来没有考虑过自己的酬劳，而是把病人的利益放在第一位，这一点是毋庸置疑的。事情是这样的：我去看望我的一位病人，她患了很严重的疾病，经过多个日夜的努力，她的病正在慢慢恢复。我为她病情好转而感到高兴，向她描述当初我去奥帕蒂亚旅游时的愉快情景，最后我说道：'我真希望，你**不**能尽快离开病床。'显然，这句口误来源于我内心无意识的动机——那就是我希望继续治疗这位有钱的女士。这个自私的动机很少出现在我的意识层面，即使出现了，我也会愤怒地把它抛之脑后。”

（例 14）以下也是斯特克尔医生举的一个例子：“我妻子想聘请一位家庭教师，每天下午教她学习法文。一位女士前来应聘，她们俩谈得不错，我妻子想留下她的工作推荐信。她却不想把资料留下，说道：‘我还想再找一份下午的工作——抱歉，我想说的是上午。’很显然，她是想另找一份授课时间安排得更合适的工作——她刚才口误所说出的话已经表明了这个意向。”

（例 15）有一次，某先生请我给他妻子做心理辅导。我和他妻子谈话的时候，他就站在门后听着。讲课结束时，我觉得她已颇有收获，就对她说：“再见了，先生！”明眼人一看就知道了，我这句话其实是说给她丈夫听的，因为我是受他的委托而来。

（例 16）斯特克尔医生说，有段日子里，他同时诊疗来自特里斯特（Triest）的两个病人，因此经常把他们俩的名字说错。他可能会对阿斯可利（Askoli）先生说：“早上好，派勒尼（Peloni）先生！”而对派勒尼先生，他则说：“早上好，阿斯可利先生！”起初，他并没觉得这种口误有什么深层次的动机，以为这不过是因为两位病人身上存在诸多相似之处。再后来他发现，这两个名字相互混淆，其实是在宣称某种吹嘘——那就是，他想让这两位来自意大利的病人分别知道，还有其他人也像他们自己一样，千里迢迢地从特里斯特来到维也纳，寻求斯特克尔医生的治疗。

（例 17）两位女士走到一家药店前停住了脚步，其中一位对她的同伴说："我马上就回来，你能等一会（a few moments）吗？"然而她说出来的却是："你能等几步路（movements）吗？"原来她是要去给孩子买点小儿轻泻剂。

（例 18）L 先生不喜欢去拜访别人，只喜欢别人来拜访他。有一次，他在一家避暑胜地打电话给我，让我抽个时间去看他。我提醒道，这次轮到他来看我了，何况他还有辆汽车，比我去看他要方便多了。（当时我们在不同的地方，两地相隔大约一个半小时的火车车程。）他倒也高兴地答应了，问我："劳动节（9 月 1 日）怎么样？你方便吗？"我说可以，他说："好极了，那么，选举日（在 11 月）那天你等着我！"他的口误很明显：他想来看我，但是他又觉得我们隔得这么远，过来有点不方便。等到 11 月我们俩都回到城里了，那时就方便了。后来的事实证明我的分析是正确的。

（例 19）我朋友和我描述了一位神经官能症患者的症状，问我能不能治好他。我说："我相信，用心理分析法最终肯定能治好他的病，因为这种病是'持久的'

(durable)。”我想说的其实是“可治愈的”(curable)。

（例 20）有位病人名叫“詹姆士夫人”(Mrs. James)，但我却总把她叫成“史密斯夫人”(Mrs. Smith）——这是她已经嫁出去的女儿的名字。这件事引起了我的注意，考察后我发现，另外有位病人也叫“詹姆士夫人”，她看完病后不肯给医疗费；史密斯夫人也是我的病人，她马上帮忙付了那笔费用。

（例 21）口误有时候还可以表明当事人的性格。有一位年轻的夫人，在家里什么都是她说了算。有一次，她和我聊起他那多病的丈夫，说他向医生咨询如何饮食才能有利于健康。她接着说：“医生说，饮食不会影响他的病情，我爱吃什么就吃什么，爱喝什么就喝什么，都没关系。”(她把“他”误说成了“我”。)

（例 22）以下这个例子虽然是发生在二十年前的事情，但在我看来，它非常精妙，极富启发性。一位女士曾经在大家面前说：“不错，女人只有长得漂亮，才会讨男人喜欢。男人的情况就好多了。只要他拥有挺直的（straight）五肢就够了！”说出这么极端的话语，想必她当时的情绪一定很激动，而且受了某些隐藏在她内心的情感的影响。

这个例子很好地说明了凝缩作用和拼凑作用在口误形

成中的重要影响。很显然，该口误是由以下两句话糅合到一起而成的：

“只要他有挺直的四肢。”

“只要他五官正常。”

或者，从“挺直的”这个角度出发来考察，她可能是想说这两句话：

“只要他拥有挺直的肢体。”

“五个都得健全才行。”

我们可以设想，存在两种表达模式——一个是与“五官”相关，一个是与“五个挺直的”相关。在两种模式的合力下，句子中关于“挺直的肢体”变成了一个新的数字“五”，这就意味着她讲的不是普通的四肢，而是那个神秘的男性第五肢。当然，这种拼凑隐含了这么隐晦的寓意，这位女士最终出现了口误。像这种嘲讽式的话语，一个女人必然不能毫无忌讳地说出口。

最后，我们应该注意这位女士所说的话，单单从字面上看，可能仅仅是口误的玩笑话，也可能是很好的“双关妙语”。这里就存在这样一个问题——她这么做是无意还是有意。从该例中当事人的行为来看，她说这话是无意的行为，因此也就算不上什么妙语了。

（例 23）以下口误和前例相似，解释起来并不难。一位解剖学教授在给学生们讲解“鼻孔”，这是一个公认的很难讲明白的解剖学器官。讲完后，他问学生们是否听懂了，大家说明白了。因此教授非常高兴地说道：“我简直难以相信这一点。因为即使在维也纳这种百万人口的大城市，能弄明白鼻子构造的人数，在一个手指头上（on a finger）就能数清楚——噢，我要说的是，用一只手上的手指头（on the fingers of a hand）就能数清楚。”

在对精神官能症患者进行精神分析和治疗时，我经常要从病人偶然的话语和联想中去探寻其隐含的关联和内涵，它们虽然隐藏很深，但总会留下一些蛛丝马迹。这时候，口误往往能够发挥最好的作用，下面我举几个简单而令人信服的例子。

比如说，病人说起他的姑妈时，不经意间就把她称作了“妈妈”，或者有时候，会把丈夫说成“哥哥”。在这些情形中，说话的人把这些人物弄混淆了，因为他们在当事人的感情世界中地位相似，他们被看作是同一类人。有一次，一位二十岁的年轻人在我这看病，他介绍自己道：“我是你的病人某某的父亲——噢，不好意思，我说错了，我是他弟弟，他比我大四岁。”从他的这个口误中我明白了，他想要说的是，和他哥哥一样，他患病也是由于父亲的过错；和哥哥一样，他希望被我治愈；但他们的父亲才是最应该来医治的人。在很多情况下，某个口误，或者说话时某种特殊的表情，就足以揭露当事人内心受压抑的想法。

我们可以把语言失误的情况统称为“口误”，不管这一失误是粗俗的还是文雅的。我发现，口误并不是语音直接影响的结果，而是话语外的某些想法在起作用。一个词的发音会影响到另一个词，我并不否认这一点，但我认为仅这一点还不够；而话语外想法的干扰作用则不同，仅其自身就足以导致口误的发生。进一步的研究和探讨表明，口误的发生机制，用“语言之外的某种间接的心理动机”来解释会更加合适。显然，这一心理动机与发音是否相似毫不相干。我们经常会因为口误而说出某些替代词语，它们之间大部分都没有发音上的关联。在这方面，我和冯特先生的意见完全一致，我们都相信，口误出现的情况是很复杂的，仅仅用发音的影响来解释是不够的。

冯特曾把这一因素称为“更间接的心理影响”，对此我表示认可；此外，我也承认，当我们急于说完一句话，再加上一定程度的分心时，口误出现的机制则可能如梅林格和梅耶所述。但即使在他们俩举的例子里，我们也不难发现，答案往往很复杂。

有的时候，口误是由于当事人内心在和某些下流的想法或者字词作斗争。粗俗的人往往喜欢使用这一招，即故意偷换或者扭曲一个词语或说法，把原本下流的意义隐藏起来。与无意中说错，或者违背本意而不小心说出来的情况相比，这种情况很常见，因此丝毫不能引起我们的注意。

在此，我把我亲自收集的很多案例做了分析，希望读者们不要认为我是在空谈，更不要认为我的解释毫无意义。老实说，我还希望能够进一步论证：即便在最简单的口误里，我们也可以在话语之外找寻到某种思绪干扰的蛛丝马迹。我之所以会这样想，还是受了梅林格以下这个观点的影响，他说，绝没有人愿意承认自己说错了话。如果我们告诉一个人："你刚才说错话了。"即便他很聪明、很老实，也一定会觉得恼怒。梅林格说的是"绝没有人"，我倒不想像他这样说得太极端。但当语言错误被人指出时的这种感觉——有点类似恼羞成怒的感觉，很值得我们注意。有的人表现得很生气，自己竟会把一个名字忘了；有的人会觉得惊讶，很久以前琐碎的小事自己居然还记得这么清楚。这些不同的感觉必然暗示着，不同的心理动机在发挥作用。

故意说错某人的名字，相当于对他的侮辱；在很多情况下，不经意说错名字，也有类似的效果。梅耶曾举过这个例子：有一次，有个人不小心把“弗洛伊德”(Freud)说成了“弗洛伊德尔”(Freuder，因为不久前他说过“布鲁尔”[Breuer] 这个名字)。后来有一次，他提到我的学说时干脆说成了“弗洛尔-布鲁”(Freuer-Breudian) 氏方法。这显然表明他不赞成我的分析方法。下一章谈论笔误时，我会给大家说一个写错人名的例子，它的寓意也非常明确[①]。

① 我们常常会发现，贵族阶层的人特别容易拼错医生的名字。从这里可以看出，尽管表面上彬彬有礼，贵族在内心里却看不起医生。我想引用琼斯教授的观察成果（引自《精神分析文集》，第三章，第 49 页）：“当人们的名字被别人遗忘时，尤其是遗忘发生在他特别期待能记住自己名字的人身上时，少有人不会感觉惆怅和痛心。由于名字是人格的一部分，他们会自然地想到，如果自己能够在以前的交往中给人足够深刻的印象，对方便不会忘了他。同样，如果某人意外地从一个大人物口中听到自己的名字，他一定会受宠若惊。像大多数领袖一样，拿破仑就深谙此道。在 1814 年那场艰苦的法兰西战争中，他就显露了自己惊人的记忆力。在靠近克拉奥讷（Craonne）的一个小镇上，拿破仑认出了这里的市长德布西，对方是自己 20 年前在拉费雷军营的老同事。欣喜若狂的德布西先生，后来拼命地工作以期报答。反过来说，如果想表达对一个人的蔑视，不妨假装忘掉了他的名字；这意味着，对方的名字不值得你劳心去记住。这种手法经常被文学创作者使用。屠格涅夫的小说《烟》里就有这样一段：‘那么你仍然觉得巴登这个地方不错——李，李先生。’说这话的拉特米拉夫总是故意吞吞吐吐地称呼对方的姓名，看上去像是记不住这个名字，或者一下子想不起来。他用这种手段，配合上挥帽（转下页）

在上面所举的这些例子中，由于干扰因素的作用，当事人把内心不想说出来的意思表达了出来。

然而，有时候情况正好相反。所说出来的替代名字或无意中再造的名字，表达的正是我们内心的想法。这种一致性通过口误表现出来，它也表明我们当时对此内心想法的认可。费伦斯医生说过他读书时的一段经历，很好地说明了这个道理：

“上大一的时候，我被安排在全班同学面前背一首诗。这是我第一次当着这么多人的面背诵诗歌，于是我做了充分的准备。可我刚开始背诵台下就哄堂大笑了起来，这使我万分沮丧。后来，老师告诉了我大家哄笑的原因。我首先说的是诗歌的名字‘来自遥远的地方’，这是对的，但接下来说作者名字的时候，我错误地说出了自己的名字。那首诗的作者是亚历山大·裴多菲（Alexander Petofi）。或许是由于他第一个名字和我的名字有点像，我无意间把二

（接上页）致意时的高傲态度，就是要打压对方的气势。屠格涅夫在另一本小说《父与子》中写道：‘省长邀请科沙诺夫和巴扎洛夫进入大厅，几分钟后，再次邀请他们的时候，却把他们称作科沙洛夫兄弟。’在这一幕里，省长忘记了自己已经发出过邀请，而且不能区分两个年轻人，这样的累加变成了莫大的侮辱。从这个意义上说，拼错姓名和遗忘名字一样严重，它是遗忘症的前兆。”

者混淆了。但真正的原因是，他当时被誉为‘诗坛豪杰’，我希望自己将来能像他那样。我对他的情感不仅仅是喜欢，简直是热爱和崇拜。通过这次口误，我们可以看到隐藏在我内心的这一‘抱负情结’（ambition-complex）。”

我还知道一个类似的例子。一位年轻医生被引介给享有盛名的魏尔啸（Virchow）医生，他胆怯且恭敬地自我介绍道：“您好，我是魏尔啸医生。”魏尔啸医生本人非常惊讶，问道：“你的名字也叫魏尔啸？”我不知道这位抱负满怀的年轻人后来是怎么解释的，是不是编了一套托辞，比如说站在您这么杰出的人物旁边，我自惭形秽，甚至连自己的名字都忘掉了；或者他有足够的勇气去承认，他希望自己将来也能成为像魏尔啸医生这么杰出的人物，还希望魏尔啸医生不要因此而瞧不起他。这次见面的尴尬处境或许是上述原因之一造成的，也可能是两方面共同作用的结果。

由于以下例子与我个人相关，其口误发生机制是否也如上例一样，在此我就不予置评。1907 年，在阿姆斯特丹召开的国际大会上，我有关歇斯底里症的理论引起了广泛的讨论。有的人极力反对该理论，其中一位在对我进行反驳和攻击的过程中屡次出现口误，主要是在提到我的观点或者我的名字时就说成他自己。比如他说：“众所周知，布鲁尔和我曾证明了……”等，事实上他想说的是“布鲁尔和弗洛伊德”。而这位反对者的名字和我名字的发音没有丝毫相似之处。还有很多像这个例子一样把名字说错了的情况，从中我们可以推断出，口误不仅仅是发音相似造成的，更是由于某些隐含的内容与之产生关联所致。

有时候，口误表现了自我批评，这种情况更为重要。由于内心在抵制自己所说的话，不仅出现口误，甚至还会说出完全相反的话来。我们惊讶地发现，人们有时候会把句子说得词不达意，而误说出口的话语却正好暴露了内心那些不诚实的想法。在大多数情况下，口误相当于表达了人们不想说出来的内心真实想法。因此，也可以说这是一种“自我表露”。

布里尔说：“最近，一位颇有狂想迹象的女士来找我看病。由于她身边没有亲戚配合我进行诊疗，我强烈建议她作为自愿住院病人去州立医院。她马上答应了，但是第二天，她却和我说，与她合租的室友反对她住进医院，因为这会打乱她们的计划等等。我不耐烦得说：‘听你室友的话是没用的，她又不了解你的心理状况。你自己就没资格处理自己的事情。’我原本想说的是‘有资格’，而我的口误却暴露了我内心的真实想法。”

在某些巧合的情况下，口误还可能带来重大的启示，或者取得十足的喜剧效果。比如布里尔说的这几个例子：

“一个吝啬的富翁举办舞会，邀请了一群朋友过来参加。起初，一切都进展顺利。到了晚上 11 点 30 分，进入中间休息的时段，宾客们都以为晚宴要开始了。但令大家失望的是，主人并没有安排晚宴，而只是用三明治和柠檬汁来款待大家。那时候，选举日即将来临，大家讨论的主要是关于几位总统候选人的话题。讨论越来越激烈，有一位客人是罗斯福的崇拜者，他对主人说：‘罗斯福很多方面都值得我们赞扬，其中有一点尤其重要——他是一个绝对可靠的人，铁面无餐。’他本来要说的是‘铁面无私’。在场宾客爆笑起来，而主人和这位客人则尴尬万分，大家都心知肚明。”

“有位女士的家境不好，当我给她开处方时，她突然对我说：‘请不要给我开大颗的票（译注：即账单），我吞不下去。’显然，她想说的其实是‘大颗的药’。”

下面这个通过口误而“自我表露”的例子很重要，为了完整地表述，我把它从布里尔医生的原著中抄录过来：

“有一天傍晚，我和弗林克医生一起散步，我们碰巧遇见之前的一位同事——P 医生。我们已经很多年没见面了，对于他的近况我一无所知。这次不期而遇，我们自然都很高兴，我邀请他到咖啡馆小坐。我们聊得很开心，一聊就聊了两个小时。我问他结婚了吗，他说没有，还说道：‘像我这样的人怎么会结婚呢？’

“我们打算离开咖啡馆时，他突然问我：‘我很想知道，如果你碰到这样的情况会怎样处理：我认识的一位护士小姐，被一宗离婚案列为‘共同被告’。有位太太控告自己的丈夫不忠，还说她是第三者，因此这位丈夫才得以离婚。’我打断他：‘你说的应该是，这位太太才得以离婚。’他马上纠正道：‘对，提出离婚的是她。’然后他继续说，这件案子的审判过程给这位护士很大的打击，自此她变得神经兮兮的，还成天喝酒。他想让我提点建议，怎样才能医好她。

“我先让他解释一下刚才为什么会出现口误，但他和别人一样，对我提出的这个问题感到惊奇。他说，一个人说话的时候，难道连口误的权利都没有？我向他解释道，每个错误都有一定的理由。要不是他说了他还没结婚，我定会以为他说的那个离婚案件的男主角就是他自己，而且刚才的口误表明，他希望提出离婚的是自己而不是他太太，因为这样的话，他就不必承担赡养费，而且可以在纽约州再婚。

“对于我的解释，他矢口否认，但他已是神色大变，连连干笑数声，这更是加深了我的怀疑。我请求他‘为了科学’说出实情。他说：‘我真的没结过婚，你非要我承认的话就是逼着我说谎了。看来，你的精神分析方法也不准确啊。’他还说，和我这样一个专挑细枝末节来说道的人相处，实在有点危险。然后他突然说想起还有另一个约会，就匆忙起身告辞。

“我和弗林克医生都相信我们对他口误的解释是对的，于是我决定做进一步的考察，看看我们到底是对还是错。第二天，我去找了P医生的一位邻居兼老友，他证明了我所有的猜测都是对的。P医生的太太申请的离婚案几个星期前刚刚生效，案件里确实有一位护士被指认为第三者。几周后，我又碰到P医生，这次他对我说，他对弗洛伊德的分析方法已是心服口服了。”

在奥托·兰克（Otto Rank）提供的下述例子中，“自我表露”的作用也非常明显：

有一位父亲，他自己一点爱国情操也没有，还经常教育他的孩子们，要远离这种肤浅的情绪。有一天，他在责备参加爱国游行的儿子们，孩子们争辩道：“叔叔也参加了爱国游行啊！”他说：“你们不要跟他学，他是个呆国者(idiot)。”听到父亲说出这么奇怪的话，孩子们脸上露出困惑之色，他随即发现了自己的口误，歉意地说道：“当然，我想说的是‘爱国者’。”

在剧烈争吵的时候，如果其中一位出现口误，说了与原意相反的话，对方就会毫不犹豫地利用这个转机而占尽上风。虽然人们习惯了对口误置之不理、不求甚解，不愿意接受我的观念和理论，但有时候，他们也会像本书所做的那样，对口误及其他错误行为进行解释。口误往往马上就成为笑料或招来嘲笑，这正说明了，它并不像一般人所认为的那样毫无意义。一个典型的例子：德国司法官布洛亲王（Prince Bulow）曾经在一次力图挽救局势的辩论中（1907 年 11 月）出现了口误。他不小心把为君主辩护的话说成了相反的意思：

“尊敬的威廉姆二世，即便在当前，我还要重申我一年前的看法：把您身边**负责任**的顾问称为‘忠臣’，这是不公平、不正确的。（底下有人嚷嚷道：‘不负责任！’）——哦，不负责任的顾问——对不起，我口误了。”（下面一阵哗然）

在《华伦斯坦》（*Wallenstein*，马克思·皮科诺弥尼的作品，第 1 幕第五场）这部戏里，有一个奇妙的口误例子，它并没有揭露当事人的心声，却给了台下的观众诸多暗示和启发。由此可知，该剧的作者深知口误的运行机制，并知道如何巧妙运用它。之前的剧情如下：皮科诺弥尼重点渲染了公爵的思想变化——在陪同华伦斯坦的女儿回营的路上，公爵逐渐感受到了和平的美好，并进行了热情的歌颂。这使得他父亲奥克塔维奥（Octavio）及宫廷派来的使臣魁斯坦伯格（Questenberg）不知所措，接下来便有了这段对白：

魁斯坦伯格：可悲啊，我们！事情就这样了？老兄，难道我们就这样看着他鬼迷心窍，让他离开？我们应该马上把他叫回来，让他睁开双眼看清楚这一切！

奥克塔维奥（从沉思中惊觉）：他早已让我睁开了双眼，我从没想到我能看到这么多。

魁斯坦伯格：你在说什么，老兄？

奥克塔维奥：该死的这段路！

魁斯坦伯格：为什么？你说什么？

奥克塔维奥：走！我必须得走完这段该死的路，我定要亲自看看——走——（想拉着他离开。）

魁斯坦伯格：到底怎么了？我们要去哪里？

奥克塔维奥：去她那里！

魁斯坦伯格：去——？

奥克塔维奥（赶快纠正自己）：去公爵那里！我们走吧……

在这个口误里，“他”被说成了“她”，我们便明白，这位父亲已经看出来，他的儿子要跟随华伦斯坦之女去追寻另一番事业了，而使臣却还在抱怨“他在胡言乱语。”

奥托·兰克在莎士比亚的作品中也找到一个类似的例子，作者巧妙地利用了口误。以下是奥托·兰克有关该例的分析（摘自《精神分析的核心问题》第二版，第 48 页）：

“就像弗洛伊德从华伦斯坦一例推断出的：在文艺作品中，作者会在必要的情况下故意设置一些口误来表达某种含义。这也表明，作者不仅自己明白口误的运作机制，他还认为观众也一定能够理解这一点。莎士比亚在《威尼斯商人》（第三幕第二场）中也运用了这一方法。剧情是这样的：根据父亲的遗嘱，波西娅（Portia）得用抽签的方式来决定自己将嫁给谁。幸运的是，她所讨厌的那些求婚者都没抽中。最后，她发现自己内心喜欢的是巴萨尼奥（Bassanio），生怕他也抽不中。当时，她很想告诉巴萨尼奥，即使他没抽中，她也爱他。但她又不能违背誓言，因此内心非常矛盾。于是，作者给她设计了下面这段台词。她对心上人说：

冥冥之中我感觉到了（虽然这还不算爱情），

我不想失去你；你自己明白，
如果我无意于你，怎么会有这样的表现？
若不是怕你误会我，
（女孩子的心思怎好说出口）
在你为我冒险前，
我真想让你在这住上一两个月，
好让我教你怎么去选；
但这样的话我就违背了自己的誓言，
所以我不能这样做；虽然因此你可能会失去我；
若我告诉了你，我定会满怀罪恶，
谁让我当初起誓了呢？你那犀利的目光，
已经俘获了我，把我分成两半：
一半是你的，另一半是你的——
哦，我要说的是，另一半是我的；
然而我的一切都属于你，
所以我整个人都是你的。

“她本不应该告诉他，但还是希望向他暗示：在他抽签前，她就已经完全属于他了——她已经爱上了他。可见，作者非常善于捕捉人物的心理，他通过这一口误把她内心的想法表达出来。作者设置的这一口误，不仅减轻了巴萨尼奥内心的极度不安，也缓解了观众期待抽签结果时的紧张情绪。”

伟大的剧作家在上例中描述的口误的作用，正好印证了 E. 琼斯引用过的第三个例子：

“杰出的小说家乔治·梅瑞狄斯（George Meredith）在其著作《自我主义者》中更加巧妙地运用了口误这一机制。故事梗概如下：威洛比·派特恩（Willoughby Patterne）先生是一位大家羡慕的贵族，康斯坦莎（Constantia）小姐与他订婚后发现，他是一个极端利己主义者，而在世人面前却隐藏得很好。为了逃避和他的婚姻，她与奥克福上尉（Captain Oxford）私奔了。几年后，派特恩与米德尔顿小姐（Middleton）订婚，本书主要描述的就是她发现他以自我为中心的性格后的内心矛盾。外部环境及她自己对名誉的渴求，使她不愿放弃他们的婚约；而在她眼里，他却变得越来越讨厌。有时候，她会向他的堂弟或秘书倾诉心事。他的秘书名叫弗农·惠特福（Vernon Whitford），最后他娶了克莱拉小姐，但当时，由于一些复杂的因素，他对她表现得比较冷漠。

“克莱拉在一段独白中这样说道：‘要是有一位贵族绅

士能理解我的内心，能把我从这心牢中解救出去，那该多好啊！仅凭一己之力，我逃离不出去。我就是个胆小鬼。我相信，他一勾指的召唤，就会改变我！哪怕鲜血淋漓，我也会奋不顾身地飞到他身边……康斯坦莎幸运地遇见了那位军人。或许她也一直在祈祷，而且她的祈祷终于灵验了。他们私奔确实不好，但是，嗯，她敢这么做，我真羡慕她！他的名字叫哈利·奥克福（Harry Oxford）吧……她没有动摇，她坚决地斩断情丝，她改变了自己的人生。啊，她是多么勇敢的女孩啊！你觉得我是什么样的人呢？可是，我没有我的哈利·惠特福（Harry Whitford）；我只是孤单单的一个人……’突然她停顿了下来，她意识到自己把‘奥克福’这个名字错说成了另一个人名，为此而负疚良久。

“这两个名字都以‘福’（ford）结尾，确实比较容易弄混淆，许多人也会以为这就是她之所以会说错话的原因。其实，作者是在明确地暗示剧情的发展方向。还有一次，她出现了同样的口误，稍作迟疑，她便转换了话题——用心理分析法来看，当人们被‘准意识情结’（half-conscious complex）感动时出现这样的反应，是很常见的。当时正说起了惠特福，派特恩傲慢地说：‘你完全错了。对于可怜的老惠特福来说，一旦碰到不熟悉的事情，他就没辙了。’克莱拉回应道：‘但是，如果奥克福先生——惠特福先生……噢，看那些天鹅，它们正在湖面上闲荡呢；它们生气时的样子好可爱啊！我倒想问问你，如果有人在你面前盛赞另一个人，你会不会觉得沮丧？’派特恩先生突然明白了什么，板起了面孔。

“文章中还提到克莱拉的另一次口误，她对一个男性朋友说：‘你告诉弗农先生——告诉惠特福先生。’这一口误表露了一个秘密，那就是，她与弗农·惠特福的关系越来越亲密了。”

哪怕在一些看似细枝末节的事情上，我们在此阐述的口误的观点也是成立的。我一再表示，不管是典型的特例，还是生活中最琐碎、最常见的口误，都自有其道理，都可以用上述方法进行解释。有位病人，出于某种私人的原因，不顾我的反对，决定要去布达佩斯短期旅行。她为自己辩护道：“我只去那里待三天而已。”但她却误说成“三周”。这表露了她隐藏内心的想法：要不是考虑我的意见——我认为她现在不适合去旅行——她很想在那里待三周的时间，而不是三天。

有一天晚上我去剧院接我太太，但我没接到她，我编了一个借口说：“我在 10 点 10 分就到剧院了。”我太太纠正道：“你想说的是 10 点差 10 分吧！”我想说的当然是 10 点差 10 分，要是我说 10 点 10 分，也就难以被她原谅了——因为她告诉过我，“戏剧 10 点前结束”。当我到达剧院时，楼道里的灯都已经灭了，整个戏院一个人也没有。显然，戏剧在 10 点前就结束了，我太太并没有等我。当时我看了看表，时间是 10 点差 5 分。到家后，为了使太太更容易原谅我，我想说那会儿是 10 点差 10 分。不幸的是，我的口误毁掉了这种意图并暴露了我的不诚实，我反而更难解释清楚了。

我们已经考察很多口误的例子，现在，我们进一步扩展一下考察范围。比如口吃的情况——我们并没有说错单个的字词，但句子整体的韵律和语感受到了影响；再比如，由于尴尬而造成的语音颤抖和结巴。这些情况和上述的口误机制一样，都表露了当事人某种内心的冲突。我想，当你在陛下面前说话时，当你正认真地向爱人表白时，或者当你在陪审团面前为自己的名誉辩护时，你肯定不会说错话。简而言之，当一个人全神贯注时，他是不会说错话的。此外，当我们评论某位作家的文笔时，也可以从分析文章中的笔误入手。如果文章表达流利，毫无窒碍，我们就可以断定作者的思路连贯；然而，如果文章处处流露着勉强、繁复或者不着边际的字词，那我们就可以判定，他的思路还很混乱，尚未成熟，或者我们可以由此体会到作者被压制的自我批评。

第六章

误读和笔误

误读、笔误与口误之间存在着密切的内在关联，对于误读和笔误，上一章讨论过的口误的解释机制同样适用。因此，在本章我就不再赘述，而只是挑选几个典型案例进行分析。

一、误读

（例 1）我正在随便翻着手里的一叠《莱比锡画报》，突然看到封面的一个标题“在奥德赛举办的婚礼”。我大吃一惊，赶紧把画报拿正了再看，原来是“在奥斯奇（即巴尔蒂克海）举办的婚礼”。为什么会出现这么愚蠢的误读呢？

我首先联想到的是卢斯先生的一本著作《“音乐幻想”的实证研究》，最近我对这本书分外关注，因为它讨论的是我感兴趣的心理学问题。卢斯先生说他即将出版另一本书《睡梦现象的分析及其原则》。我自己刚出版了《梦的解析》，因此对他的新书抱有极大的期待。在卢斯讨论音乐幻想那本书的序言里，他做了一个推想：古希腊神话及传说主要来自睡梦及聆听音乐时的幻想，来自神志迷离或者梦幻的状态。于是我马上进入正文，想看看他是否也认为，奥德赛现身于瑙西卡公主面前，正是由于人们常做的裸体的梦。我的一位朋友曾告诉我，G. 凯勒先生在他的著作《绿色的亨瑞奇》里对此事也作了解释，他认为，奥德赛的这一幕客观地代表了一位海员漂泊他乡时所做的梦。在此，我要提醒的一点是，他所做的这个梦是有关裸体的梦。

（例 2）有一位妇人非常希望自己能生个孩子，她经常把“stocks”（存货）念成“storks”（鹤）[①]。

（例 3）有一天，我收到一封信，信里说了一件让我焦虑的事情。我马上打电话给我太太并告诉她，可怜的 Wm.H. 太太患了重病，医生已经放弃治疗了。可能是我话语中说错了某些字词，我太太表示怀疑，说要亲自看看那封信，还说，信的内容肯定不是我说的这样，因为基督教徒不

① 译注：西方有“仙鹤送子”的说法。

会用丈夫的名字来称呼他的妻子——信中提到的那位太太是一个基督教徒，我太太和她很熟。我顽固地坚持己见，还拿出一张例行的访客登记卡给我太太看，在那张卡片上，有一位太太签的就是她丈夫的教名。最后，我太太还是让我把信拿出来，结果是，信上赫然写着“可怜的 W.M.”。此外，信中写的是“可怜的 W.M. 医生”，我完全忽略了最后两个字。我的这一误读是一种转移效果，即我把这个悲伤消息的主人翁从这位丈夫转移到了他的太太身上。形容词和名字之后的称呼“医生”被我省略了，因为我原以为此事说的是他太太。我之所以会出现这次误读，倒不是因为他妻子患病就不值得同情，而是因为她丈夫患病会激起我更多的恐惧，因为和我关系很亲密的一位男士也患了同一种病。

（例 4）当我在陌生的城市旅游逛街时，经常会发生一些既恼人又可笑的误读。那时候，街上的任何招牌，只要发音或者字形上和“古玩店”稍微有点相似，我就会把它们误读成“古玩店”。这表明我对收藏古玩的不懈的追求。

（例 5）布鲁尔在他的一本重要著作中写道：

“有一次我看书的时候，隐隐觉得再往下两行就有我的名字。但令我意外的是，我并没有看到我的名字，而只是看到了‘血球’（blood corpuscles）这两个字。我分析过很多误读的例子，有的是在视野中心，有的是在边边角角，但从来没有遇到过这么离奇的情况。一般来说，有与我名字类似的字词出现，才会让我觉得看到了自己的名字，然而，‘血球’这个词和我的名字没有任何相似之处。或者，我名字中的所有字母都出现了，而且相互离得很近，我才会犯这样的错误。然而本例并不是这样的，因此，我只能解释为相关联想（delusion of reference）在起作用：我当时正在读的是一篇文章的结尾部分，该文章指出，自然科学论文的文笔往往都很差，而这一缺点在我身上也存在，所以我不免觉得他马上就要提到我的名字了。”

二、笔误

（例 1）在一张记录日常业务的便签上，我意外地发现，在九月二十日那一页我居然写着“十月二十日，星期四”。我把十月二十日这个日期提前了，这不难解释为我期望该日子早点到来。几天前，我刚度假回来，觉得自己精力十足，再多的工作也能轻松应付，可惜的是，店里顾客稀少。那时我收到一位病人的来信，她说将于十月二十日前来应诊。当我在九月二十日做记录时，我心里一定在想：“这个病人应该早点过来；浪费了这一个月真是可惜啊！”顺着这个思绪，我就把那个日期提前了一个月。在这个例子中，干扰的思绪倒也不算不愉快，因此发现了笔误之后，我很快就找到了答案。次年的秋天，我又犯了一次类似的笔误，其动机与本例完全一致。琼斯医生对类似的案例进行过研究，他认为日期的笔误往往都能找到相应的动机。

（例 2）有一次，我收到将在神经精神学科年报上发表的文章的校样。我那篇文章引用了许多外国作者的名字，排字工人不易辨认清楚，因此我得格外仔细地校对。果然，编辑把文章中不少发音独特的名字排错了，需要更正过来；但是，奇怪的是，编辑还更改了我底稿中的一个名字，而且他的改动是正确的。我原稿中写的是"布克尔哈德"(Buckrhard)，而编辑猜出我想说的是"布尔克哈德"(Burckhard)。布尔克哈德是一位产科医生，我认为他的论文《生育过程对婴儿期麻痹症的影响》写得很好，我对他本人也没有丝毫的敌意。但是维也纳有一位和他同名的人，曾把我的《梦的解析》贬得一文不值，我很讨厌他。于是，当我提到那篇论文，要写它的作者——那位产科医生的名字时，与他同名的另外那位先生的形象就冒了出来。我在《口误》那一章就已经说过，把人名弄错，往往是在贬抑对方。

（例 3）下面这个例子可以看作是一个严重的笔误，也可以看作一种误导行为。我想去邮政储蓄银行取300元，把它寄给一位远房亲戚，好让他去温泉圣地疗养。我发现我的账户上有4380元，便打算留下4000元整，近期都不来取用。但填好取款单后，我发现，我写的不是我打算取的380元，而是438元。自己的行为如此不受控制，我顿时觉得很可怕。稍后我又觉得自己的害怕是多余的，因为即便我取了438元，也不会因此就变得更穷。我想了好一会才想明白，原来是某种没有被意识察觉的动机，使我改变了最初的想法。

起初我想错了方向：我从438元中减掉380元，但并没有从中找到答案。后来脑中的一个闪念，顿时使我明白了真正起作用的因素：438元正好是我账户上全部金额4380元的1/10！几天前我整理出一些我不感兴趣的旧书，想把它们卖给书贩，我向他要价300元，而他却砍价到1/10。他说我要的价格太高了，他回去后考虑几天再给我答复。如果他能够接受我开的价格300元，我便正好可以拿那笔钱寄给我那生病的亲戚。显然，支出这笔钱时我觉得很惋惜。因此可以这样理解：这次笔误的原因是，我害怕因为这样的支出而变得贫穷。不过，不管是对这笔支出感到惋惜，还是害怕自己因此变得贫穷，这些想法在我的意识层面是不存在的；既然我答应了要给他这么多钱，我就不会后悔，我会觉得上述这些有关潜在动机的解释都是荒诞可笑的。要不是我之前进行了大量的精神分析，深知人的精神世界有很多潜在的抑制因素存在，而且前段日子我做了一个意义相同的梦，否则的话，我必然不会相信自己曾有过这些情感存在。

（例 4）在印刷错误的现象中，潜在的心理动机发挥的作用与其他错误是相似的，不过我们一般很难说清楚，印刷错误的出现究竟是哪一个人的过错。从印刷错误我们可以看出，人们并不会认为细小的错误就会无关紧要；有些错误还会招来一些激烈的反响，由此更可以推断出，人们认为这些错误不仅仅只是意外。下面这段编者寄语摘自 1913 年 4 月 14 日的《纽约时报》，可以很好地说明这一道理。编者的观点与我们相同，其评论语言也非常风趣：

不幸的笔误

“哪怕在最规范的报纸上，印刷错误也会时有发生。它们会招来贬抑，引起愤怒，甚至会带来危险，但有时候它们还会显得滑稽可笑——尤其是新闻工作者们自己犯这些错误时，往往会非常搞笑，比如最近读到《哈特福特报》

上一位编者所作的华美的道歉辞，实在忍不住笑了出来。

“前几天，一位优秀的政治评论家表示，对康涅狄格州而言，不幸的是（unfortunately），‘J.H. 不再是议会的一员’。但印刷人员和校对人员却把否定副词给弄丢了，写成了‘幸运的是（fortunately）’——至少，那位杰出的政治评论家宣称自己是那样说的，我们也不好对他是否诚实做出评判；很多悲惨的经历告诉我们，无须去对照原稿考证，直接把这类错误归咎于印刷错误是最保险的。可能——仅仅是可能——那位评论家坚信自己写的就是‘不幸’，因为他想写的就是这个词，所以即便在确认是排版人员的错误之前，他也不觉得是自己的错。

“也有可能是这种情况：原句的意思被完全改变，某人因此而伤心或被冒犯。我们有一本书严肃的科学类图书，就在不久前，有人写了一篇关于它的书评，其中出现了一个更令人吃惊的错误。说到星体的化学构成时，作者把‘碳’（carbon）写成了‘驯鹿’（caribou）。在这个例子中，作者把‘碳’误写成‘驯鹿’的可能性似乎不大，因此作者的免责申明也极为有效。然而他并没有就此事进行进一步的调查，也就算不上非常谨慎的一个人了。”

（例 5）下面这个例子摘自斯特克尔医生的著作，我可以保证其真实性："下面这个难以置信的错误出现在一份发行量很大的报纸上。与之相关的是该报的一篇澄清声明，充满激情，感人肺腑。报纸的主编亲自看了稿子，作者当然也看了原稿，并且校对了不止一次，每个人都很满意。但报纸出刊后，读者们马上就发现了一个错误，它躲过了所有人的目光。而且这个错误很明显：'我们的读者将见证一个事实，一直以来我们都在**自私地**（selfish）为大众服务。'很显然，作者本想说的是'无私地'（unselfish）。由于某些因素的干扰作用，真实的想法在文章中透露了出来。

（例 6）接下来这个印刷错误的例子出现在某西方公报上：教师分发了一张数学方法的教学说明，并说了对那些可能**无所作为**的青年学生的培养规划。

（例 7）即便是《圣经》也难免发生印刷错误。在 1631 年伦敦授权出版的《圣经》中，居然没有写十大戒律中的第七戒，于是它就成了所谓的"邪恶圣经"。据说，由于这个省略错误，印刷厂支付了 2000 英镑的罚款。

另一个《圣经》的印刷错误可以追溯到 1580 年，是在黑森著名的沃尔芬比特尔图书馆发现的。在《创世记》那一章节，上帝告诉夏娃，亚当将会是她的主人，将会统治她。那本德文《圣经》把它翻译成"Und er soll dein Herr sein”(成为你的主人)，但译者却把“Herr”(主人) 误写成了“Narr”(傻瓜)。新发现的证据似乎表明，错误是由意识干扰的机制造成的，原来那个印刷工人的老婆是个女权主义者，她不愿意被丈夫控制。

(例 8) 恩斯特·琼斯医生说了以下这个有关 A.A. 布里尔的例子:“虽然他平时几乎是滴酒不沾，但有一天晚上，他经不住一位朋友的纠缠，为了避免得罪他而喝了一些葡萄酒。第二天早上觉得头晕目眩后，他开始后悔前一天晚上的放纵，从以下这个笔误可以看出他的这种想法：当时，他正好要写某病人提到过的一个女孩的名字‘Ethel’(埃塞尔)，但他却误写成了‘Ethyl’(乙基[①])。恰好，埃塞尔很喜欢喝酒，在布里尔当时的心中，她嗜酒这一特征格外明显地表露了出来。”

(例 9) 一位女士给她姐姐写信，恭贺她迁入一幢宽阔的新房。她的一个朋友站在一旁看着，发现她把地址写错了。值得注意的是，她错写的还不是姐姐此次乔迁前的地址，而是很久以前的旧址——她姐姐最初结婚时住过的地方。当朋友指出这一错误时，她说:“我果然写错了；但

① 乙基与酒有关。也就是说，它是酒精的化学名。

是，到底是什么原因使我犯了这个错误呢？”朋友说：“可能是你嫉妒她刚入住宽敞的新房，而你自己的居所却如此狭小。于是，你把她放回最初的老房子，那时候她的居住情况和你现在差不多。”她诚实地承认了这一点，说：“我确实嫉妒她的新房子。”过了一会她又说：“人真可怜，总有一些这样卑劣的想法。”

（例 10）以下这个例子是 A.A. 布里尔提供而由恩斯特·琼斯报告的。有位病人写信给布里尔医生说道，自己的神经过敏是由于忧虑事业和棉花危机期间的焦躁造成的。他又说，“这一切都来源于那阵凄冷的寒潮（frigid wave），所有的种子都被冻死了，颗粒无收”。他本想说的是寒潮毁坏了棉花种子，但他却把“寒潮”（frigid wave）误写成了“妻冷”（frigid wife）。在他内心深处，他责怪妻子的性冷淡和不育症，由此也不难推断出，他的病症实则是由于被迫禁欲而造成的。

书写时的省略和笔误的机制差不多。下面我说一个关于省略的典型例子，它由丹特勒医生提供。1867 年奥地利和匈牙利两国，起草了一篇关于两国财政义务的法律公文，在翻译的匈牙利版本中，“生效”这个词无意间被省略了。丹特勒认为，匈牙利的法律制定者内心希望奥地利尽可能少占优势，这一潜在的意识与该省略可能有关系。

另一个省略的例子是布里尔提供的：“有一位声名显赫的病人，曾来信向我咨询过治疗相关的事宜，最后终于下定决心，约了一个日期前来应诊。但他却没有来赴约，而是送来一封道歉信，信里是这样写的：‘由于某些**可预见**（foreseen）的原因，我不能赴约。’他想说的其实是‘**不可预见**’（unforeseen）的原因。几个月后，他还是来到了我的诊所，在分析的过程中，我证实了之前的猜测：当时，并没有什么不可预见的原因阻止他前来应诊，而是有人建议他不要来。他无意识里不想说谎。”

冯特先生给出了一个很好的理由，证明了为什么我们在书写的时候比在说话的时候更容易出现错误。他说：“平时我们说话的时候，意志的抑制作用一直在发挥作用，使得我们的思考过程和发音过程基本保持一致。而我们在书写的时候，语言受思绪控制，但书写的表达方式相对缓慢，于是就会出现思绪超前于书写的现象，从而导致笔误。”

我对导致误读的原因很感兴趣，因为我认为由此进行研究可以取得丰硕的成果。我们都知道，当我们大声朗读的时候，人们的注意力经常会从书本中游离，思考起自己的事情来。这种分心的结果往往是：如果突然打断他，问他正在读什么，他甚至不知道在读什么。换句话说，虽然他没读错什么，但他只是在机械地朗读。我不认为在这种情况下，误读就会变多。我们反倒相信，当我们机械地做一系列事情，而注意力几乎没在其上时，犯的错误倒会很少。可见，在口误、笔误或误读等情况下，注意力发挥的作用并不像冯特所认为的那样（他认为出现这些错误是由于注意力的减少或消失）。从我们分析的这些例子中可以看出，注意力的减少不是出现语言错误的必然原因。我们发现的是另外一种情况：某种思绪的闯入，使注意力受到干扰。

第七章

印象及决心的遗忘

要是有谁以为我们现在对人类的精神世界已经非常了解，那就让他解释一下记忆的运作方式，这时他必然会变得谦虚起来。迄今为止，还没有一种心理学理论可以很好地解释“记忆”和“遗忘”这两种现象之间的联系；事实上，能够得以实际观察的完整分析迄今也没有出现。今天，“遗忘”或许比“记忆”更加令人困惑，尤其是在我们研究梦境以及各种精神病状之后，我们发现已经被遗忘了的事情突然又回忆起来了。

其实，我已经得出了一些论点，希望能得到大家的认可。我们认为遗忘是一个无意识的过程，它是由于某种特殊动机发挥作用而导致的。我尤其要强调的是，每一个印象或经历，以及遗忘，在现有的印象中都存在着一定的选择性。某些记忆日久犹新，某些在遗忘多时后却被陡然回忆起来，其中原因我们已经有些了解。然而我们看到，要解释清楚日常生活中的无数案例，我们现有的知识尚且不够。比如说，有两个人曾经结伴旅行，事后我们听他们描述旅途中的所见所闻。其中一个人记忆深刻的事情，另一个人却毫无印象，似乎它根本就没发生过。而且，出现这样的差别并不是因为这件事对其中一个人更为重要。显然，还有很多决定记忆是否被保留的因素，仍在我们的认知范围之外。

为了进一步探讨遗忘的形成机制，在此我列举几个亲身经历的遗忘案例来做心理分析。我选择的是一些特定的案例，即我认为牢记于心的事情被遗忘了，自己都觉得不可思议。我还要补充说明一点，我一般很少会遗忘事情（指的是经历过的事情，而不是学到的知识）。我年少时经常表演非凡的记忆力，上学时我能很容易地背出读过的书。考大学前，我听了一场科学通俗演讲，之后竟能把演讲内容逐字默写出来。在医学院期末考前那段紧张的日子里，我充分利用了这一优势，参加有些科目的考试时，我不假思索地答题，就如同在照抄教科书一般，而事实上那些内容我也不过是匆匆看过一次而已。

之后，我的记忆力就一直在下降。不过现在我仍坚信，通过一定的辅助手段，我就能记起很多被我遗忘的事情来。比如，一个病人前来就诊时，他说我以前见过他，但我却丝毫想不起来我们见面的时间和情形。于是，我就开始猜想——从现在开始往前回溯，迅速地回忆起多年来的事情。只要病人能提供一定的信息，我都可以猜得很准，十年前的事情基本上不会超过六个月的误差。① 与之类似的情况是，碰到某个不是很熟的朋友时，出于礼貌我都会问问他的孩子最近可好。他和我说着孩子的近况，我便在心里猜想孩子的具体年龄。我通过那名父亲的描述来做估算，误差不会超过一个月，大一些的孩子也不会超过三个月。可是，我也说不清楚为什么自己猜得这么准。近来，我更加大胆，经常随口说出自己猜测的年龄，而且我的估计往往也不会相差太远，不至于让他觉得我不关心他的孩子而不开心。可见，通过激发无意识层面的记忆，我会回忆起更多的事情。

我再说几个有关遗忘的显著例子，其中大部分是我的亲身体验。我把遗忘分为两类，一种是印象和经历的遗忘，

① 会议过程中，第一次见面的细节开始出现在意识中。

也就是知识的遗忘；另一种是决心的遗忘，也就是忘了要去做某事。通过以下的案例分析我得到这一结论：所有的遗忘都是由于某种不愉快的动机导致的。

一、印象和知识的遗忘

（例1）今年夏天有一次，我妻子惹得我很生气，虽然事情的缘由很不值得一提。当时我和妻子正在一家饭店吃饭，对面坐了一个维也纳人，我们以前认识，但由于某些原因我们断绝了往来。我妻子对这个人的坏名声毫不知情，居然还在听他和旁人的谈话，还不时顺着他们的话题向我问东问西。我变得有点不耐烦，最后终于生气了。几周后，我和一个亲戚抱怨起妻子的行为来，但我却完全想不起当时他们谈话的内容了。我其实是个容易烦恼的人，不会轻易忘记我讨厌的事情，可见，这次遗忘其实是由于我心里尊重妻子，不愿让她在亲戚面前丢面子的原因所致。

不久前还发生了一件类似的事情。我妻子说了一句滑稽可笑的话，几个小时后，我想把那句话说给我的一个好友听，让他也乐一乐，但我却把那句话给忘了。我只好请求妻子再和我说一遍。这个例子也不难理解，当关系到我们身边亲密的人时，这一判断就起了干扰作用，导致遗忘。

（例 2）有位维也纳的女士托我帮她买一个小保险箱，用来存储文件和钱财。我答应了她的请求，马上想到要去市中心买，因为我记得在那里曾经看到过琳琅满目的保险箱。奇怪的是，我实在想不起那条街道的名字，只是觉得自己以前经常路过那家店，觉得不管怎样，只要到市中心逛逛，总能碰到那家店。然而，我把市中心的各个角落都找遍了，就是找不到那家保险箱店。我决定去翻阅一下商业通讯录，如果还是没有那家店，我就只能再去城里寻找一番。然而，在通讯录的地址栏里，我马上认出了那个被我忘记的街道名。我以前确实无数次路过那家店，每次都是去拜访我的好友 M 君，他家就在这家店所在的这栋楼，他在这里住了很多年。后来，我们的友情破裂，形同陌路，我每次走到这附近时都会不假思索地绕开那栋楼和那条街。因此，在我满城市寻找那家卖保险箱的商店时，偏偏漏掉了最该来的这条街，它似乎已经是我心中的一块禁地。

可见，在本例中，遗忘也是由于我内心不愉快的动机而造成的。但它与前例不同的是，遗忘发生的机制更为复杂。我反感的不是保险箱店，而是某个人，我希望忘掉与他相关的一切事物，于是与之相关的商店也被我遗忘了。在我们之前提到的 Burckhard 一例中，情况与之类似，由于对某人很厌恶，在写另一个与之相似的名字时出现了笔误——由于两个名字相似，使得原本没有任何联系的两种意识产生了关联。而在保险箱店这个例子中，则是空间和环境的一致性导致的关联。另外，本例中还存在更密切的关联，与保险箱有关的金钱，正是导致我和 M 君反目的重要原因。

（例 3）B.&R. 公司请我去给他们的一位职员做心理指导。去找他的途中我就觉得，我肯定来过该公司所在的这栋楼。B.&R. 公司在较高的楼层，当我走到较低的某楼层时，仿佛觉得曾经见过他们的告示栏。但我记不起来我去过那栋楼的哪个房间，也不记得自己什么时候去过。虽然这并不是一件重要的事情，但我还是进行了一番分析。和之前的分析方法一样，我先把头脑中冒出的各种想法罗列出来，再从中寻找联系，最终我发现，B.&R. 公司的楼上即是菲舍尔大酒店，我以前经常来这家酒店探访病人。这时候，我算是想起这栋楼来了，它不仅有 B.&R. 公司，还有菲舍尔大酒店。

但我还是不明白此次遗忘的动机是什么。在我的记忆中，发现 B.&R. 公司、菲舍尔大酒店、住在酒店的病人，这些都没有什么不愉快的。我还意识到，这次遗忘可能和不愉快的回忆无关，否则的话，就如此前各例一般，通过一些外在的帮助，用自由联想的方法，我就应该找到遗忘的原因了。最后，我终于想到了在不久前，我去探访病人的途中，一位先生在街上和我打招呼，我很难想起他是谁。几个月前，我见过这位先生，当时他病状严重，我把他诊断为麻痹症，但后来我听说他康复了，可见当时我的诊断是错误的。但我又想，他的病会不会是麻痹性痴呆呢，这个病是可能治愈的——在这种情况下，我的诊断还是站得住脚的。正是受这次存在疑义的医疗诊断的影响，B.&R.公司楼上的那家酒店才会被我遗忘。二者看似毫无关联，深究一下还是有些相关之处：那位出乎我的意料康复了的病人，也是一家大公司推荐给我的职员；同我一起做出麻痹症诊断的那位医生也叫菲舍尔，和我遗忘的那个酒店的名字一样。

（例 4）我们会把东西放错地方，这和忘了把东西放在哪里的含义是一样的。很多人都喜欢在桌上堆满手册和书籍，我也如此，但我对自己的书桌非常熟悉，随便一伸手就可以拿到我想要的任何东西。别人看起来非常混乱，在我眼里则是井然有序。那么，为什么我不知道自己把刚收到的一份书目单放到哪里了，到处找都找不到呢？关键是我想订购该书目单上列的一本书——《论语言》，我很喜欢该书活泼轻快的语言风格，也很欣赏作者对心理学的深刻理解及其丰富的文化知识。我想这大概就是我把书目单放错地方的原因。我经常把这位作者写的书借给我的朋友们看，几天前某人还书时和我说："他的写作风格和你的很像，思维方式和你也一样。"那位朋友当然不知道他说的这句话使我产生什么联想。几年前我还年少，很需要得到帮助，我向年长的同事推荐了一位知名医学专家的作品，他看后对我说了类似的话。他的原话是这样的："这简直就是你的风格和方式。"我倍受鼓舞，便给那位医学专家写了一封信，希望能有进一步的交流和往来，但他的回信非常冷漠，使我又回到"原来的地方"。或许在这件事情之前还有某事使我沮丧，因为我根本就找不到书目单了。由于这些不愉快的经历，我内心并不想订购那本书，因为我其实记得住书名及作者，书目单即使丢失也无碍。

（例 5）下面这个例子之所以引起我的关注，是由于放错地方的东西又被找到了。一个年轻人如是说道："几年前，我和妻子之间存在一些误会。虽然我知道她身上有很多优点，但我觉得她太冷漠了，我们俩在一起时没有任何的柔情蜜意。有一天她散步回来后给了我一本书，她说觉得我可能会感兴趣所以就买了。她如此‘在乎’我，我有些惊异地向她表示感谢，并许诺说我一定会仔细阅读。但事实上我却把它随手一放，再也找不到了。其后的几个月里，我有时候也会想起那本书，但还是找不到它。

“大概六个月后，我敬爱的母亲病倒了，她没有和我们住在一起，于是我妻子离家过去照顾她。母亲的病情日益加重，这时我才发现我的妻子是多么贤淑。有一天晚上我回到家，想到妻子所做的一切心生怜爱，万分感激。犹如在梦游般，我踱步到桌前，随手拉开某个抽屉，里面赫然摆着我一直在寻找的那本书。”

（例 6）下面这个“放错地方”的例子，每个精神分析家都碰到过类似的情况。我要强调的是，把东西放错地方的病人，后来自己又找到了解决方法。

有位病人接受诊疗时出现了停滞状态，健康状态也不好，只好中止诊疗去度假。出发前一晚，他把钥匙放在经常放的地方——至少他自以为是这样做的。这时他想起要从桌子里拿些东西，度假所需的钱也放在那里。但他却找不到钥匙了。明天就要出发度假了，今天是诊疗的最后一天，也是支付医疗费的最后一天。

他开始在自己的公寓里到处寻找钥匙。他越找越急，越急却越找不到。他知道“放错地方”是一种病症——也就是说，他是有意这样做的，于是叫醒仆人，因为他想找一个没有偏见的人帮他一起寻找。一个小时后，他只好放弃寻找，认为自己把钥匙弄丢了。第二天早上，他匆忙向家具厂订购了一把新钥匙。回到家下车时，与他同乘一车的两个朋友都听到有东西掉在地上的声音，因此，他深信钥匙是从他口袋里掉出来的。原来它们被夹在一本厚书和一本薄手册之间，那本册子是我的一个学生写的，他带着它想度假时看看。它们被放置得如此巧妙，谁也不会想到它们居然在那里。他自己又试了一番，却再也没法把钥匙放在其间而不被发现。这一无意识的技巧是受某种秘密而强烈的动机所支配，能做出一些清醒状态下都做不到的事情，这与梦游者的行为相似。此事的动机也不难理解，一方面，他不愿意中止诊疗；另一方面，他有些气愤自己病情严重而医生却还收那么贵的诊疗费。

（例 7）布里尔说过这个例子：“有位先生经不住妻子的请求，勉强答应去参加一个他不感兴趣的宴会。他打算去衣箱里拿出礼服，忽然想起还没刮胡子，等他刮完胡子回来却发现衣箱被锁上了。他到处找钥匙，找了很久也没找到。当时是周日晚上，也请不到锁匠，于是他们只好找了个托辞。第二天早上，锁匠打开衣箱时，发现钥匙就在里面。可见，这位先生无意间把钥匙放在了衣箱里，然后把它锁上。他一再强调说那是无心之过，完全是不自觉的行为，但我们知道，他本意是不想去参加宴会的，所以钥匙被放错地方，恐怕也不是完全没有理由的。”

琼斯发现，当他吸烟过多喉咙不舒服时，他的烟斗就会不知所踪。找到烟斗时，经常发现它被放在一些不常见的地方，而且往往不会被发现。

如果一个人对上述这些放错地方的例子进行一番考察后，不难得出，放错地方其实也是无意识的动机所致。

（例 8）1901 年夏天，我曾和一位好友交流科学研究的心得：“每个人都有原始的两性意识，只有我们完全接受它，才能解决各种心理病症。”对此他回应道：“两年半前的一个傍晚，我们俩在英国散步时，我就和你说过这个观点，当时你还不以为然。”

放弃自己“原创”的某个观点，不是一件愉快的事情。我想不起曾经和朋友有过那次漫谈，也记不起他给我的启示。我们俩中必然有一个人是错的，按“对谁有利”的原则所说，应该是我记错了。确实如此，接下来几周的时间里，我陆续回想起了朋友所说的一切。我记得当时我是这样对他说的："我还没研究到这一点，在此也就不做评论了。"自此以后，我变得更加宽容。每当在医学文献上看到某些我提出的观点却没写我的名字时，我就会想起这件事。

我们日常生活中碰到的遗忘的例子非常多，一旦进行深入分析，往往就会牵涉各种不愉快的事情：暴露妻子的缺点；好友转变为敌人；行医时的误诊；同行间的敌意，或者借用别人的观点等。而我倾向于认为，不管是谁，只要他对亲身经历的遗忘的动机进行分析研究，必然会发现很多类似的不愉快的事情。对于这些不愉快的事情，忘记它们是非常普遍的，想把它们遗忘，只不过遗忘的程度因人而异。我们行医时碰到某些病人"否认"过去发生的事情，或许是由于此事被遗忘了。① 我们的观念是，这种否认

① 如果询问某人是否还在忍受十或者十五年前传染病感染带来的痛苦，我们会倾向于认为，病人从心理上曾经对待这种疾病的方式完全不同于风湿病的冲击。通过父母给出的关于神经衰弱症女孩的既往病史，几乎不可能确切区分遗忘和隐藏的部分。这是因为，女孩将来的婚姻紧紧地取决于其父母，也就是说，它是被压抑的。一位爱侣因为肺部感染去世的男子，向我报告了下面这些足以误导医生的材料。这些材料只能通过以往理论解释。男子报告说："由于我妻子的胸膜炎持续了很长时间，我们向P博士咨询。P博士常规性地询问我妻子家族有无肺病的其他病史，她否认了，甚至连我也没有回想起来这种病例。当他偶然地把话题转向短途旅行的时候，妻子说，（转下页）

式遗忘与之前考察的纯粹遗忘的情形有所不同，但二者都和心理动机有关，都是由于不愉快的经历造成的。关于病人家属否认不愉快事情的例子，我收集了很多，其中有一例印象格外深刻。

有一位母亲和我说到她那患有精神官能症的儿子，他现在已经是少年了，她说，他小时候和其他兄弟姐妹一样，也有尿床的毛病。这对精神官能症患者而言，是一个明显的症状。几周后，我们在探讨如何治疗她的儿子时，我以病例本上记载的尿床症状为例，提醒她注意一下他先天虚弱的体质。意外的是，她居然说她儿子并不尿床，还坚持说她所有的孩子都不尿床，并问我怎么会这样想呢。我告诉她，就在不久前，她才和我说过这事。而她居然这么快

（接上页）‘是啊，即使是去兰德斯多夫，我可怜的兄弟埋葬的地方，也是一个漫长的旅程’。她的兄弟大约十五年前去世，死于多年的肺结核病。我的妻子非常喜欢他。确实是，我回想起妻子被确诊为胸膜炎的时候，她悲伤地说，‘我的兄弟也是死于肺病’。但是这些记忆被深深压抑住了，以至于即使在上述话题谈及旅行之后，她也没有纠正自己关于自己家族肺病的信息。当她开始谈论兰德斯多夫的时候，我被这种遗忘深深地震撼了。”欧内斯特·琼斯在他的著作里记录了几乎完全类似的经历。一位内科医生的妻子身患某种未明的腹部疾病。医生对妻子说：“你家族里没有人得肺结核，这是一件让人很欣慰的事情。”妻子很惊讶地回答：“难道你已经忘记了我妈妈死于肺结核，我的姐妹刚刚从这种病里康复，而她曾经被医生放弃了治疗？”

就忘了。①

大量迹象表明，即使对于健康人而不是神经官能症患者来说，不愉快的往事起到阻挠作用从而导致遗忘的例子也数不胜数。② 但唯有对精神官能症患者的遗忘机制进行心理学分析，才能发掘更多的实用价值——人们只能用这种方式去防御可能冒出来的内心痛苦，就像刺痛之后的自然反射一样，成为各种歇斯底里症状的支柱。当然，仅仅依

① 刚刚开始写这几章的时候，近乎不可能的遗忘情况在我身上发生了。1月1日，我检查日记以便寄出账单。在去年6月十日的日记里出现了“M——l”的名字，我实在想不起来这个名字是谁。当我关注那些记录某疗养院病例的书籍时，若干个星期后我才回想起那个常规病人，这种惊讶的感觉更加浓重了。在这种情况下，病人很难会在六个月后被医生遗忘掉。我问自己，这也许是一个局部麻醉的病人——我缺乏兴趣的病例？最后，收到的费用记录让我回想起了所有的几乎被规避的信息。“M——l”是个十四岁的小女孩。这是几年来印象最深刻的病例，它结果让我度过了一大段痛苦的时光，也让我上了不可能忘记的一课。这个孩子身患一种出错的歇斯底里症，并在我的照料下迅速得到改善。在情况好转后，她的父母带走了她。她仍然抱怨说自己腹痛，而仍然是歇斯底里症症状的一部分。两个月后，她死于腹部腺体的肿瘤。关于她症状的预判，我错误地把肿瘤的信息理解为挑衅，也被这种无序但是也无害的症状表现所吸引，也许忽略了这种潜伏的和不可治愈的疾病的最早症状。

② A.Pick 最近在文章里记录了大批作者，他们都注意到情感因素对记忆的价值，也或多或少地承认针对病痛的针对性防御会导致遗忘。但是我们都不能描述这种现象，详尽而且有效地列举它的心理因素。就像尼采说的：“我的记忆力说：‘我曾做过那件事情。’但我的骄傲说：‘我没有做过’，而且坚决不让步。最后，我的记忆屈服了。”

靠遗忘，不可能摆脱纠缠于心的所有痛苦往事，也不可能完全去除懊悔、良心谴责等悲伤情感，但我们也不能因此就否认这种防御倾向的存在。没有人坚信这种防御力量就总能占上风。在各种心智力量较量的过程中，由于某些特殊的原因，该防御力量可能不敌那些相反的情感，从而造成痛苦。

人类心智的建构，或许可以分为高低不同的几个层次，分别由不同的内容组成。而防御力量则极有可能在较低的层次，它被高层次的心智内容所压制。无论如何，从我们在前例中追溯的心理过程可见，这种防御力量是确实存在的。我们认为，有的事物本身就容易被遗忘；而时，却由于防御力量施错了方向，导致与某不愉快经历相关的该事物被遗忘——该事物本身并不重要，但由于它与某不愉快经历有关，从而被遗忘。

我们在此阐述了一个观点，即对痛苦记忆的特定放松会导致无意识里的有意遗忘。这一点本可应用于许多领域，但迄今为止还未得到重视。我认为，在法庭上，我们往往因为证人做了宣誓就完全信任，忽视了证人内心各种心智力量的干扰作用。一般来说，某民族传统或民谣得以流传，必然已经把其中可能引起民族悲伤情绪的那部分去除掉了。

若进行深入的考察，或许还会发现，民族传统的形成和儿童记忆的保留有诸多相似之处。伟大的达尔文就深知痛苦动机导致遗忘的道理，因此制定了科学工作的“黄金律”①。

与之前提到过的名字遗忘的情形一样，印象的遗忘也可能伴有某些替代的回忆。若当事人坚持己见，那就成了记忆妄想症了。很多文献都提到了精神病者的记忆混乱（在妄想症里，记忆混乱正是出现妄想的重要原因），但没有人谈及其动因的研究。由于这个问题在心理学里属于神经机能障碍的范围，我们在此就不予考察。接下来我说一个亲身经历的记忆混乱的例子，从中我们可以清楚地看出无意识的压抑因素对它的影响，以及二者之间存在的关联。

当我撰写《梦的解析》最后几章时，我住在一个山庄里避暑，那里没有图书馆，也找不到相关的参考书籍，于是只好凭印象写下所用的参考文献和引用字句，当然这些以后还要再做校对。在写《白日梦》这一章时，我脑海中顿时浮现出都德的《总督大人》中那个贫穷的书商的形象，

---

① 在达尔文的自传里，我们可以读到这样的篇章，并欣赏其科学家的诚实和对人内心的敏锐：“这些年来我都在遵守黄金定律，无论何时，一旦发现与自己思路不符的新材料、发现或者思想，我马上拿起手里的笔，郑重地记录下来。我的经验告诉自己，跟我赞同的那些相比，这些事实或者思路更容易从记忆里消失。”

作者可能想借他的口表达自己心中的白日梦。我清楚地记得这个书商的一个幻想，他的名字叫琼斯林（Jocelyn），他幻想自己走在巴黎的街上，勇敢地跨上一匹失控的马，并将其制服。马车的车门打开了，一位大人物从里面走了出来，紧握着琼斯林先生的手，感激地说："你是我的救星，你救了我的性命！我该怎样来报答你呢？"

我确信，即便这段幻想有一些微小的错误，我在家参考书籍更正一下即可。然而我翻阅该书与手稿进行对照时，意外地发现琼斯林先生根本就没有这么一段白日梦。甚至，那位书商的名字也不叫琼斯林，而是琼耶斯（Joyeuse）先生。

第二个错误能够揭示前面错误的产生路径。我的名字Freud翻译成法文，唯有Joyeux最合适，而该词对应的女性词即是Joyeuse。那么，我以为来自都德作品的这段白日梦究竟来自何处呢？它只能是我自身的产物，我自己编织的白日梦，或许没有意识到，或许我一度幻想过但后来被遗忘了。我时常一个人踌躇在巴黎街头，也许那个白日梦就是在这时候出现的，而且我心里非常希望得到帮助和保护。后来Charcot先生把我引入他的社交圈，我经常在他的家里遇见《总督大人》的作者。但发人深省的是，我一想到自己蒙人恩惠就觉得非常不悦。我们国家对这种蒙惠非常不屑，依我的性格也不甘受人庇护，我经常抱有一个巨大的心愿——“自力更生”。上述这件事情的发生提醒了我，我心里也有这样一个从未实现的白日梦！此外，这件事情很好地表明了我们对自我的压抑，当该压抑得以爆发时就会出现妄想症，并阻挠和纠缠我们，使我们不能正确地认识客观事物。

另一个例子很好地解释了错误回忆，它与我们后面章节中讨论的错误搜寻相类似。我对一位雄心勃勃而且能力很强的病人说，有个年轻人写了一本很有意思的书，名为《艺术家——试论性心理学》，从而成为我的学生。一年多以后，这本书得以出版，学生送了一本给我。我的病人坚持说他很清楚地记得，在我和他提及这本书之前，他就曾经在哪里——或许是某书商做的广告——见过那本书的预告。他说他确信自己见过那本书的预告，而且还说作者改过书名，当初预告的书名不是《试论性心理学》，而是《论性心理学》。

我详细地询问了该书的作者，又核对了一下日期后，表明这位病人回忆的事情并不存在。这本书在出版之前没有在任何地方张贴过预告，更不可能在一年多以前做这样的宣传。不过当时我对此事的动因并没有深究，直到后来，这位病人又说了一件类似的事情。他以为自己最近在书店的橱窗里见到过一本名叫《广场恐怖症》的书，他还到处去找这本书。我知道他必然找不到，而且能解释他为什么会出现这种行为。那本关于《广场恐怖症》的书，只存在于他的幻想中，是他无意识里想写这样一本书。他希望凭借一本科技著作，从而像那位年轻人一样成为我的学生，于是便有了两次错误回忆。此后，他还回忆到在书店见到第一本书的预告时，还有《创造——发生的定律》一书的预告呢。但他之前提到的书名的改变倒与我有关，我反复犯了同样的错误，把《试论性心理学》说成了《论性心理学》。

二、“意向”的遗忘

遗忘不仅仅是由于不小心，而对意向的遗忘进行考察是最能说明这一点的。所谓意向，指的是要去做某事的打算，已经决定好了，但执行此计划还需要等待合适的时机。有时候，在等待的这段时间里，情况发生了变化，导致意向不被执行。这时，意向并未被遗忘，只是被改变或删去了。

我们还不习惯认为，各种意向遗忘的情形也并不全是由于执行意向的动机发生改变的缘故。我们一般不去解释它，或者用心理学方法来解释意向遗忘，我们不妨这样假设：当意向正要被执行为行动时，执行此意向所必需的动机却受到该行动的影响，而不复存在。经过对正常意向行为的考察，我们发现这一任意的假设确属无稽之谈。如果早上我决定要在傍晚时做某事，在这一天里我可能暗中提醒自己好多次，但我未必能意识到这些提醒。而时间快到时，我就会突然想起此事，并促使我为完成此事做些必要的准备。比如说，我出门散步时想顺便投递一封信，作为一个神志正常的人，我必然不会把信拿在手里，一路上不停地到处找邮筒。事实上，我会把信放在衣兜里，休闲地散步，第一个邮筒就会引起我们的注意，这时候再把信从衣兜里掏出来投入邮筒。

这种在意向暗示下的行动，与实验上的“催眠后暗示”相一致。在催眠状态下，施术者命令病人在将来某时做某事，病人醒来后对此事毫无印象，但时间一到，他自然就会去做这件事情。我们一般这样解释此类现象：被暗示的意向一直处于无意识状态，当意向执行的时间快到时，它就自己觉醒，督促我们执行。

然而在爱情和兵役这两件事情上，一般人也会认为，意向遗忘不仅仅是不小心而已，一定还有某些动机存在。

恋爱中的男子如果忘记约会时间而迟到，不管他怎么解释都没用，她会毫不犹豫地说："一年前你就不可能忘记约会时间，显然你已经不在乎我了。"即便他借口说公务繁忙，花言巧语地希望能得以开脱，此时女孩的观察力之敏锐丝毫不比专业心理分析师差，她必然会说："以前你公务也很繁忙，怎么不会干扰我们的约会！"当然，她不否认遗忘的可能性，但她相信，不管是有意的推脱还是无意的遗忘，其中多少会有一些不乐意的成分吧。

同样，在服兵役时你是有意的疏忽和无意的遗忘是没有区别的。总之，军人不能忘记任何对他们的要求，大家也都认可这一点。在这样的要求下，仍有人忘记，尤其是那些很熟悉的要求，那即便他内心希望能按要求完成任务，也必然存在某些阻挠的动机。例如，在预备期内[①]会对军装仪容进行检查，若有人的纽扣未被擦亮，哪怕他一再解释说这只是一时的遗忘，他也一定会受到惩罚。或许相比导致疏忽的潜在动机而言，这些惩罚是很轻微的！试想一下，如果听见他说："这魔鬼般的训练，太令人厌恶了！"长官该多震怒。他害怕受到更重的惩罚，可以说是以"遗忘"

① 受过教育的年轻人能够通过考试，并且在一年而不是两年的强制性训练后支付他们的赡养费用。

作为借口，或者说作为妥协。

对于爱情和服兵役，都必须全身心投入，不容任何遗忘或疏忽。人们只允许遗忘出现在不重要的事情上，一旦它出现在重要事情上，便表示你希望把此事看得不重要，也就是说，它的重要性受到了质疑①。心智健全的人都会这样，一个人如果遗忘了自己认为重要的事情，那估计是神经有问题了。我们在此研究的主要都是生活中常见的意向，但这些意向也并非完全无关紧要，否则它们也就不可能存在了。

接下来我再举几个有关疏忽、遗忘的亲身体验，并尽力对他们进行分析我发现，每一次遗忘都来源于我自己并不知道、尚未认可的某些动机——或者可以说，是因为它们与我的意愿相悖。在很多情形下，我觉得自己受到各种世俗的约束而不能自如，便以遗忘的方式来表示抗议。这也是为什么我总是忘了给亲朋好友寄生日、佳节、婚礼、

---

① 当凯撒离开埃及的时候，他很是为忘记了某些事情而烦恼。他突然想到，原来是自己忘记了跟克里佩拓拉告别。凯撒对她的冷淡在这里暴露无遗。事实上，这是符合史实的。凯撒怎么会关心那个小小的埃及省？——引自戏剧《凯撒与克里佩拓拉》，萧伯纳著。女人对无意识里的心理过程有着敏锐的感觉。如果我们因为没看见而不跟她打招呼时，她们更容易生气，而且不会接受诸如仅是或者心不在焉之类表面的解释。她们坚信，只要对方重视自己，不可能不注意到她。

荣升等贺函。我不断地下决心要记住它们，但从来没有成功过。现在我基本上已经放弃这种努力了，因为我承认存在着抵制这些行为的动机。在此之前，有个朋友托我帮他发一封贺电，我自己也得发一封。当时我就和他说，我可能会把两封贺信都忘了去发。这一预言不幸言中，对此我并不觉得惊讶。因为贺信表述的喜悦之情明显是言过其实，而我这个人很不习惯把自己的感情刻意夸大。因为我曾经把他人虚假的同情之以为真，当然现在我已经能辨别其真伪，知道这是人情世故的必要，但我仍然很讨厌这种夸张的做法。不过，人们对丧事表现出的感情则更为真诚，一旦决定要送出吊唁信函，我便不会忘记。在这种情况下，我的情感没有社会职责的参与，其表达从不被遗忘所抑制。同样的，有时候我们会忘了答应帮助别人的某些承诺，这也可以理解为，出于礼节而答应帮助别人与自己内心的真实想法存在冲突。接下来一般都是这样的情况：忘记的人一再向对方解释自己不过是由于一时疏忽忘记了承诺，而对方则必然会猜到实情：即他根本就对此事不关心，否则也不会忘记。

有些人确实更容易忘事，我们对他们的遗忘也就更宽容，这就好比近视眼的朋友在街上碰见了却没打招呼，我们一般不会介意[1]。这类人会忘记他们许下的所有小承诺，他们答应别人的事情总是忘了去做，他们证明自己做不好一丁点小事。但他们却声称，这些遗忘是由于生理原因，而非主观上不乐意，因此要我们别责怪他们[2]。我自己不是这类人，也就没有机会分析其行为：易忘事的人在遗忘上的选择性，可能分析出潜在的因素。然而我还是会猜测，他们遗忘的动机其实和一般人一样，也是由于不够重视或不乐意，只不过用体质差别、更易忘事作为借口来掩饰罢了[3]。

有时候遗忘的动机很难发现，当它们被找到时往往令人吃惊。比如我发现，在我众多的出诊经历中，我老是忘记免

---

① 女人对无意识里的心理过程有着敏锐的感觉。如果我们因为没看见而不跟她打招呼时，她们更容易生气，而且不会接受诸如仅是或者心不在焉之类表面的解释。她们坚信，只要对方重视自己，不可能不注意到她。

② 弗伦茨博士报告说自己是个错乱的人，经常因为频出的和奇异的错误而被朋友们视为异类。但是，当他开始心理分析实践，并被迫使分析自我后，这些不专心的现象都消失了。他相信当一个人学会扩展自己的责任感时，就会放弃这些错误。他因此坚持说，错乱是一种取决于非意识情结的状态，并且可以被心理分析治愈。有一天，他正因为在对病人进行心理分析时出现了技术失误而自责，以往的错乱症状重新出现了——他走在街上会绊脚，把口袋书落在了家里，付出租车费时偶发现自己没有带钱，衣服的扣子也扣错了，等等。

③ E. 琼斯说，抵抗经常遵循一种常规顺序。因此，一个忙乱的人会忘记别人托付寄信的事情，让他有一点点烦恼的是，这是他的妻子托付的，其性质相当于他可能“忘记”了自己的购物清单。

费诊疗或者从同行那里转来的病人。为此，每天早上出诊之前，我都要浏览外诊名单，以免遗漏。不知道别的医生是否也存在我这样的情况。这使我想起神经衰弱症患者来诊所看病时总是拿着备忘录，因为他们知道自己的记忆力很不好。他们也确实更加健忘，经常出现这样的情形：患者喋喋不休地叙说各种苦痛，反反复复地咨询问题。说了很多话之后，他停下来，拿出他的备忘录，抱歉地说："我记忆力太差，所以把想说的话都记在这上面了。"通常，他在备忘录里找不到新的记录。他对照着备忘录一条一条地确认，自言自语道："嗯，这一点，刚才我已经说过了。"如此看来，备忘录的作用，只不过反映了他的某一个病状——由于常常感觉到莫名动机的干扰，他的行为受到了干扰。

接下来我们说的这些遗忘情形，即使在我那些健康的朋友身上，也屡见不鲜。我自己，尤其是前几年，总是借了书后很久都忘了去还；我还经常买完东西后忘记付钱。不久前的一天早上，我去那家经常光顾的烟草店买烟，拿了烟后忘给钱就走了。这种遗忘其实也没什么大碍，因为我和那家店的人很熟，他们第二天见我时再向我要钱就是了。然而这次的疏忽，或许和我心里以为自己将举债度日的想法有关，因为前一天我花了一整天的时间做了家庭预算。即便是德高望重的人，一旦涉及金钱或财产，你便不难发现有类似的举止。人类自婴儿期吃奶开始想去抓住身边的一切物品（以便放入口中），这种生就的贪念虽然受文明的熏陶和教育的驯化，并未完全消失。①

我担心举的这些例子太普通了，但我研究的目的就是收集生活中常见的例子进行科学分析，如果我在此分析的实例大家都看得明白，那我的目的也就达到了。我认为，从日常生活中积累经验、增长知识，这也是一种智慧，因为这样做并不是编造，而是用更严谨的科学求证方式，从生活中找出事物之间的深层联系——而这正是科学工作所追求的目标。

我们总是认为，重要意向被遗忘是受了某些莫名动机的阻挠。对于不重要意向的遗忘，则是另外一种发生机制：

---

① 说点题外话，我们来讨论一下人类在与金钱有关的记忆存在的偏差。从我个人的经验看，我经常顽固地宣称自己已经付过钱，这其实是个错误回忆。贪财的想法不再受人生理念约束的时候，纵情玩乐的时候，例如在玩牌的时候，我们会发现即便是最有道德的人也会出错。他们的计算和记忆会出错，甚至有莫名其妙的小手段出现。俗语里说“牌品反映人的性格”，如果把它修正为“被压抑了的性格”，那么它是对的。当服务生出现无心的过失时，他显然也是受了同种动机的影响。我们常常看到，商场里一些人总是慢腾腾地付钱，这样做的好处是什么呢？只能解释为不情愿付钱的心理。布里尔用这样的句子总结为，“如果信里夹带的常常不是支票，而是现金，我们会倾向于错拿这封信”。

原本针对某种决心的“反意志”，但某个不重要意向偶然与该“反意志”发生了外在的、肤浅的或者象征性的关联，我们的遗忘机制发生了转移，便把不重要意向给忘了。布列尔说过的一个例子说明了这种情况：“有一位女病人突然变得不爱给人写信了。她以前一向喜欢写信，而且写得很频繁，但最近几周，她费尽心思也才能勉强写出几行字来。这件事情的原因很简单：几周前她收到一封信，要求她做一个重大决定，并回信告诉对方。她实在不知该做什么样的决定，因此就没有回信。犹豫不决而不愿回信的这种趋势转移到了其他信件上，于是她干脆不给所有人回信了。”

在下面这个延误的例子中，除了和本人意愿相悖的动机外，还有一些更间接、转嫁过来的动机。我负责写《心灵与神经之间的问题》一书中关于梦的那部分，我从《梦的解析》中摘要了一些，作为该部分的内容。出版商伯格曼把该书的校样寄过来，让我尽快校对完毕后回寄给他，以便他们能赶在圣诞节前出版这本册子。当天晚上我就改好了校样，放在桌上打算第二天早上寄走。第二天早上，我却把这事忘了，直到下午在书桌上看到校样时才记起来。同样地，第二天晚上和第三天早上我又都把这事忘了，直到第三天下午，我才匆忙出门把它们投入邮筒。我很奇怪自己居然会一而再，再而三地忘记此事。很显然，我心里是不想把它们寄走的，虽然当时我并不知道为什么会这样。

把信寄走后，我顺道去拜访另一位出版商，他是维也纳人，打算出版我的《梦的解析》。我和他说了几点意见后，不知受什么启发，突然问他："你一定知道我最近又写了一本关于'梦'的书吧?""啊!"他几乎惊叫了起来，说："那么我必须问你……""冷静点"，我打断他道："那不过是丛书中的一本小册子。"但他还是不满意，害怕那本册子会影响这本书的销量。我倒不这么认为，我问他："要是我早点过来问你，你会不让我出版那本小册子吗?"出版商说："不会，绝对不会。"

站在自己或者其他人的角度评判，这样的做法于情于理都无可厚非。不过似乎可以肯定，我和那出版商有着类似的想法，所以才一再延误邮寄校样的时间吧。

这让我回想起和其他出版商的摩擦，在写《诺特纳格尔手册》里有关婴儿脑瘫的一篇论文时，我不得不从之前出版的《婴儿脑瘫》中摘录了几页文字。虽然此前我还专门通知了《婴儿脑瘫》一书的出版商（也就是为我出版《梦的解析》的那位出版商），但他的不满仍在所难免。

顺着这个思路走下去，我又想起一件更早的事情。当时我正在翻译一本法文书，我未经原著作者的同意，便在译文中擅自添加了一些注解。这其实侵犯了他的出版权益，多年来我一直认为该作者对我的独断专行感到不满。

有句格言是这样说的："忘记一次，就会常常忘记。"它充分说明了遗忘并非由于偶然。

的确，有时候我不禁会觉得，我们费尽精力对遗忘和错误行为进行考察和探讨得出的这些结论，其实早已是每个人都知道的。奇怪的是，要让意识承认这些常识，居然还要做这么多努力。我经常听到有人说："不要让我去做这件事情，我一定会忘了的。"这一预言成为现实，也没什么奇怪的了。说这句话的人早已在心里下定决心不去做这件事情，只是意识层面还在自我欺骗罢了。

接下来我们来考察一种"错误决心"的情形，它可以使我们对意向遗忘有更多的了解。有一次，我答应一位年轻作家给他的新书写一篇书评，但是由于我并不知道内心的不情愿，也就答应得十分爽快，说当晚就写。我很真诚地想帮他这个忙，但我忘了——当晚我得去法院参加一个不能延期的专家听证会。因此我了解到原来我的决心是假的，我放弃了内心挣扎，干脆拒绝了那位年轻作家的请求。

第八章

行为的错误执行

梅林格和迈耶的书里还说过："与我们在做其他事情时所犯的错误一样，语误并不会无缘无故发生。但是，它却常常被愚蠢地当作是'遗忘'。"

在健康人的日常生活中，那些没有多大伤害的各种闪失背后总是蕴藏着某种意义和目的。看了上面这段话，你就知道这个理念也并非是我首先提出来的。

如果可以把语误解释为一种运动功能，那我们也可以对其他运动功能的失误做出相同的解释。我收集到的案例可以分为两种：如果错误的结果似乎自成一体——也就是说，与原来的意图毫不相关——我就称之为"错误引用"；而将另外一些整个活动看起来似乎都不合理的称为"象征性行为"或"偶发行为"。但两者之间并不存在明确的分界线；实际上，本书中所采用的一切分类，都只是为了使我们的叙述更加清晰，因此，有时难免与现象的内在整体性产生矛盾。

如果我们只是在“失调”，特别是在所谓“大脑失调”这个概念之下理解错误行为的话，这对我们从心理学角度来理解错误行为毫无益处。我们还不如去追溯每一个案的成因。我会再引用一些我的个人观察来加以说明，尽管我在这方面的个人体验也并不是很多。

（例 1）以前我经常去病人家中出诊。当我站在一扇门前，本应该去敲门或按门铃时，却常常在口袋里掏自己家的钥匙。发觉之后，十分尴尬。后来，在思考这些错误行为发生的地点时，我发现这些错误经常发生在那些非常敬重我的患者家门前。这类似于我有“在这儿感觉就像在自己家一样”的想法（当然，我回到自己家是从来不用按门铃的）。

因此，这种过失行为只是某种想法的象征性代表，而在意识里面，这种想法并没有得到认真地对待；在现实中，神经病专家非常清楚，患者之所以来找他，是希望能从他这里得到帮助，而他自己所表现出的对患者的特殊温情，也只是心理治疗的一种手段。

琼斯对于误用钥匙也曾这么说过：“类似的事情非常多，我可以举两个例子。如果我不得不停下正在家里做的起劲的某件事而到医院去处理某些常规事务时，便很容易发现自己竟然用家里书桌的钥匙开实验室的门，尽管这两把钥匙根本不像，这种错误表明了我当时更愿意呆在家里的无意识。”

“几年前，我在一个单位中做临时工，单位的大门总是紧锁着，进去前必须要按门铃。好几次我发现自己很想用家里的钥匙来打开那扇门。由于每位正式员工都有钥匙，所以这种错误可能意味着，我很想像他们一样能够有一把自己的钥匙，就不用站在门前等着开门了。换句话说，我希望在那里站稳脚而且生活得自在一些。”

维也纳的汉斯·萨斯医生也报告了类似的体验：“我身上一般有两把钥匙，一把是办公室的，一把是家里的。办公室的钥匙至少比家里的大三倍。而且，我把前者放在裤子口袋里，把后者则放在马甲口袋里，所以这两把钥匙是很难混淆的。然而，常常是当我爬上楼梯站在门前的时候，发现自己拿出的钥匙是错的。我决定对此进行调查统计；因为我每天上下班的时间基本是固定的，那段时间的情绪状态每天也是差不多的，因此，如果拿错钥匙这件事情真的有某种心理上的原因的话，那它肯定显示了一种固定的倾向。后来的观察结果显示，我经常是在办公室门前掏出家门钥匙。只有一次情况相反：那次回家时我疲惫不堪，而我知道家里还有客人在等着我，我居然用那把大得多的办公室钥匙去开门。”

(例 2) 曾经有六年时间，我每天两次在固定的时间里站在同一所房子的二楼门前等待开门。在这个漫长的日子里，我却两次（两次之间的间隔很短）爬到了三楼。第一次的时候我正沉浸在一个野心勃勃的白日梦里，想着“不断地往上爬，越高越好”。事实上，当我要往三楼去的时候，我清晰地听到了二楼的开门声。另外一次，也是因为“全神贯注地思考”而走过了地方。当我意识到自己走错后，我赶紧回想自己当时到底在想些什么。我发现，原来自己当时被别人对我文章的批评激怒了，他们指责我“总是走得太远”，而我无意识地用“爬得太高”这个缺乏尊重意味的表达来代替这个评语，坚持这么去做。

(例 3) 多年以来，一把医用锤和一只音叉一直并排躺在我的办公桌上。有一天下班后，我匆匆忙忙地去赶一趟火车，尽管当时还是大白天，可我居然将音叉当作医用锤放在我了口袋里。音叉使得我的口袋下坠，这让我意识到自己犯了个错误。任何一个对这类小事不屑一顾的人都会毫不犹豫地把原因归结为太过匆忙而不再去深究。尽管如此，我仍然要问自己为什么会把音叉当作医用锤。匆忙只能促使我采取正确的行为，而不是浪费时间去纠正错误。

“谁最近拿过这个音叉呢?”这个问题突然闪现在我的脑海当中。我突然想起，几天前一个低能儿来过我的办公室，在我测试他对感觉印象的注意力时，他却牢牢地抓住这个音叉不放，结果我花费了很大的气力才让他松手。那么，这是否意味着我是一个低能儿呢？也许就是如此，因为我从锤子首先联想到的就是“驴”(希伯来语中是“傻瓜”的意思)。

这句恶语到底意味着什么呢？我想必须考虑当时的情境。当时我匆匆忙忙的要赶到西部铁路线的某个地方去参加会诊，根据我收到的要求会诊的信中所讲，那位患者几个月前从阳台上掉了下来，从此无法行走。邀请我的那位医生写道，他还不能确认那位病人只是脊柱损伤还是患上了创伤性神经官能症——歇斯底里症。这需要我去做出诊断。因此，这一次拿错东西的行为可能是提醒我对这种差异非常细微的病症，一定要非常小心的进行诊断。正因为如此，我的许多同事认为对于歇斯底里症的诊断过于草率，许多更为严重的问题被忽略了。但是这句恶语到现在还没有被证实。与此相连的另外一件事也在那个地方，在几年以前，我在那里看过一个年轻人，他在一段感情经历之后就无法正常行走。当时我诊断他患了歇斯底里症，并对他进行了心理治疗；然而事后发现，我的诊断尽管不是错误的，但也不是完全正确的。患者的大部分症状是歇斯底里症，在经过一段时间治疗后这些症状很快就消失了。但仍然有一些症状无法治愈，这些症状只能被称为是“多相硬化症”。在我之后再看到那位患者的医生很容易诊断出这种器质性损伤。而我当时却很难做出其他不同的诊断，在我的印象中我觉得自己犯了一个严重的错误；我无法实现自己曾许下的治愈他的诺言。

因此，错拿音叉而不是锤子这件事情可以做如下的表述：“你这个白痴！你这个傻瓜！这一次用心点，别再把难以治愈的病都当作是歇斯底里症，不要像几年前在这个地方对待那个可怜的年轻人那样！”几天前，在我检查过那个低能儿之后的一天，那位年轻人曾经来过我的办公室，他的步伐因为麻痹而非常不稳，这使我的情绪受到严重的打击，但同时这也有助于我进行这样一个小小的分析。

我们观察到，自我批评的声音这次通过拿错东西这一行为来使自己被觉察到。这种“行为的错误执行”特别适合于表达自我责备。现在的错误可以表达过去在其他地方所犯下的错误。

(例 4) 很明显，拿错东西还可能表达其他的目的。下面是第一个例子：我很少打碎什么东西。我的身手并非特别灵巧，但是我的神经和肌肉组织是非常完整的，很明显我没有任何理由作出那些笨拙的动作而造成不愿意看到的后果。我不记得曾经打碎过自己房间中的什么东西。由于我的书房非常狭小，而且堆满了很多古代的陶器，这使我在书房的活动很不舒服。因此，许多来访者都担心我会碰到某件东西而将它们打碎。但这种事从未发生过。那为什么这一次我会挥手将墨水瓶盖扫到地上摔得粉碎呢？我的墨水瓶架是由一块扁平的大理石制成，中空的一部分用来盛放玻璃墨水瓶。这个墨水瓶有一个同种材质制成的大理石带把瓶盖。在这个墨水瓶的后面围着一圈镌刻着赤褐色人物的青铜雕像。当时我正坐在桌旁写东西，拿着笔的手不知为什么向前一伸，就把桌子上的墨水瓶盖扫到了地上。

找到对这个问题的解释并不困难。就在几小时前我妹妹来到我的书房看一些我的新藏品。她觉得它们非常漂亮。她说：“这张书桌现在看起来很漂亮，只是这个墨水瓶放在这儿不太相称。你应该换一个更漂亮的。”我陪妹妹出去，几个小时之后才回来，可是一回来我就失手打碎了那个被指责的墨水瓶。

难道我真的从我妹妹的话中听出，她打算在下个节日到来的时候送我一个更漂亮的墨水瓶？而且我打碎它就是为了促使她实现自己所表达的这个意图吗？如果真的如此，那么我挥手的动作只是看起来有些笨拙，而实际上却那么精巧似乎是经过设计的，以至于明白如何躲开它周围那些珍贵的物品。

实际上，我认为，对一系列看似偶然的笨拙动作我们都应该这样解释。从表面上看，这些动作似乎很暴力很异常，像是痉挛失调，但若仔细考察，这些行为似乎是受到了某种意图的支配，而且它们在完成目标的时候比我们平时有意识的行为更具有确定性。就其力量的强大和目标的确定性两个特点来看，不仅与歇斯底里的神经官能症的自动调节非常相似，而且与梦游症的自动完成有一定的相似之处。这三者在神经系统的活动方式方面有着某种我们还不了解的共同性。

在随后的几年当中，我一直在搜集这方面的观察实例，我有几次碰巧打碎了一些比较值钱的东西，但是通过对这些事件原因的考察使我相信，它们绝非偶然，也绝非是无意识的笨拙行为所造成的。一天早晨我披着浴衣，穿着草编的拖鞋，在走过一个房间的时候，突然之间非常冲动地将拖鞋向墙壁踢去，结果把一尊非常漂亮小巧的大理石维纳斯像打了下来。眼看着它被摔成碎片，我在一旁冷漠的背诵着布什的诗句：

啊！美第奇的维纳斯，亡矣！

这个疯狂的举动以及我在看到它被毁坏后表现出的冷静，可以根据当时的情境来解释。当时我家里有个人病得非常严重，我自己对她的康复已经完全绝望。而那天早上我却得知她的病大有起色，我记得，我曾自言自语："毕竟她活下来了。"我那近乎疯狂的破坏性的袭击行为是为了表达对命运的无限感激，为我提供了一个"还愿"的机会。就像我曾立下誓言："如果她能够恢复健康，我会献上某件东西来还愿。"我选择了美第奇的维纳斯来还愿，只是为了表达我的敬意和感激。但是直到今天我仍然很难理解，我的决策如此迅速，目标如此准确，而且丝毫没有伤及无辜。

另外一次打破东西是这样的，我手中的钢笔无意间滑落。这也是一种还愿，只不过这次是虔诚的，试图避免某种厄运。我曾经指责过一位真诚的、值得尊重的朋友，并非因为其他原因，而只是因为我在解释他的无意识行为时感觉不快。他被激怒了，写信告诉我不要通过心理分析来对待朋友。我不得不承认他说的是正确的，并想回信去平复他的怒气。在我写信的时候，面前摆着一件刚买来的藏品——一个小巧而英俊的埃及雕像，被我以刚才提到的方式打碎了。然后我马上意识到，我做这个恶作剧是为了避免造成更大的破坏。幸运的是，友谊和雕像都得到了很好的黏合，看不到任何裂缝。

打破东西的第三个例子，其因果关系并不是很重要；借用维斯舍在《又一个》中的说法，它只是对那些不再适合你口味的东西所进行的一种掩饰性的“处理”。我曾经有过一个带银手柄的拐杖。有一次，手柄上一个薄薄的银盘被人弄坏了，而且没有修理。拐杖被还回来不久，我就高兴地用手柄去勾我孩子的腿，拐杖就这样被弄断了——我终于摆脱了它。

在所有这些事件中，我都漠然地接受了这种破坏性的结果，这很可能说明这些行为都是由无意识造成的。

(例 5) 有时我们可以通过分析来证实，物体的掉落、翻转以及被摔坏都是无意识思想流的表达造成的，但人们却常常用包含迷信和许多怪异涵义的俗语来解释。弄洒盐、摔破酒杯、把刀尖冲着地板掉下去等等，这些行为的含义大家都明白。后面我还会专门去讨论这些迷信的解释。现在我只想说，个体所有笨拙的行为绝不会具有相同的含义，而会根据环境的变化来表达不同的目的。

最近一阵，我们家打碎了许多玻璃和陶瓷碗碟，其中大多数是我打碎的。这完全可以用不久前我大女儿订婚这件事来解释。在这种仪式中，按照习俗都要打碎一些碗碟并说上一些吉利话。这一习俗很可能象征了一种牺牲或者表达了某种其他象征意义。

如果用人把易碎的东西掉在地上摔碎，我们当然不会首先去猜测她有什么心理层面的动机；然而可能还是会存在某种潜在动机的。一个没有读过书的人很难懂得一件艺术品的价值并对其进行鉴赏。用人们平时就对这些东西充满了敌意，特别是他们对那些东西的价值并不认可，却不得不花费大量时间去照顾它们。从另一个角度来看，如果一个同样没有读过书的人在一所科研机构中做事，一旦他对他的主人产生了认同而且将自己看作是这个机构中不可或缺的一部分的话，他们在拿这些易碎品的时候，身手便会特别的灵巧，而且特别令人放心。

下面我加入了一位年轻机械工程师的一段话，他对损坏东西这种行为的机制颇有见地。

“不久前，我们许多人在一所高中的实验室中做一系列复杂的物体弹性试验。本来这个实验是我们主动承担的，但实验时间却大大超出我们的预料。有一天，我和F君一起去实验室，在路上他不断抱怨这个实验占用了他太多的时间，特别是今天，因为他家里还有一堆事情等着他去做。见我也有同感，他便半开玩笑似的提起了上个星期的一次意外事故。‘真希望机器坏掉，我们就可以提前收工了。’

“在分配工作的时候，恰好安排F君负责压力调节，也就是说，他的职责是小心翼翼地打开阀门让受压液体从储存槽流进液压机。实验的领导者站在压力计旁边，当达到最大压力的时候，便大声喊‘停!’听到这个命令以后，F君便抓住阀门用尽全力向左旋转（所有阀门毫无例外都是向右关的）。这使得储存槽中的所有压力一下子全部涌向了液压机，由于压力无法释放，连接管被冲爆了。虽然对机器本身没有造成什么大的损害，但今天的工作肯定没法干了，我们只好提前回家。

“而且，在这之后不久，当我们谈起这件事情时，我的朋友F君已经想不起自己曾说过的话，而我却记得非常清楚。”

同样，跌倒、踩空或滑倒并非都是运动行为的偶然性失误。这些表达方式可能都代表着不同的潜藏的含义，而通过身体失去平衡来表达这些含义。我记得许多妇女和女孩子在跌倒之后肢体没有受到任何伤害，但产生了一些轻微的神经官能症，一般被认为是因为摔倒之后惊吓过度而造成的“创伤性歇斯底里症”。那时我就有这样一种想法：这些现象之间的关系可能并非如此简单。跌倒不仅为神经官能症的产生做好了准备，还表达了一种无意识的性幻想，这种性幻想可能就是这些症状背后的驱动力。这与格言“女人跌倒的时候，总是背冲着地！”所说的不正是一个意思吗？

在前面这些错误之上，我们还可以加上一种，误把金币当作铜币或者银币给了乞丐。对这类错误的解释很简单：这是一种祈福行为，旨在贿赂命运，避免灾祸。如果我们听说一位善良的母亲正在为孩子的病担忧，出门之后，就发生了如此一反常态的慷慨行为的话，我们还能说这只是偶尔为之吗？我们的错误行为使得所有那些虔诚的、迷信的习俗得以表现，而这些习俗本来由于我们不愿相信的某些理由的钳制而不能出现在意识层面。

(例 6) 把偶然行为看作是性欲行为比把其看作是有意行为更加令人可信。当然，有意和偶然很难区分。那些表面上看起来很笨拙的行为，从性欲角度来看却最合适不过，这一点我可以用自己的经历来佐证。在一位朋友的家里，我遇到了一位年轻的姑娘，她点燃了我原以为早已成为死灰的激情，我变得非常殷勤、和蔼而健谈。当时我拼命地去想这究竟是为了什么，因为一年前我见过这个姑娘，当时她没有给我留下任何印象。

当这位姑娘的伯父，一位年纪很大的老人走进来的时候，我们一起站起来给他搬墙角的椅子。这个姑娘毕竟年轻，动作很敏捷再加上她距离椅子比较近，因此她先碰到了那把椅子。她双手抓着椅子的扶手，椅背贴在身前。尽管我的速度慢了一点，但还是想去搬椅子。突然，我发现自己恰好就站在这个姑娘的身后，从后面抱着她，而且我的手还触到了她的大腿。我赶忙把手放下。虽然没有人看到，但我却巧妙地利用了这个笨拙的动作。

有时候，在路上我们常会看到两个人在几秒钟内左躲右闪，却总是和对方碰在一起，最后不得不停下来相互对视，这种令人苦恼而尴尬的“挡道行为”实际上是生命早期举止无礼的挑逗行为的重现，在笨拙的面具下隐藏着性欲的目的。从对神经官能症的精神分析中我发现，青年人和儿童所谓的“天真行为”也只是这样一种面具，这使得他们肆无忌惮的用不当的言行去违背规则。

斯德克也曾报告过他自己一个类似的案例：“我走进一间屋子，伸出右手向女主人致意，却以一种最不可思议的方式弄松了她睡衣的蝴蝶结扣。我的意识里绝没有任何非分之想，然而，这么一个令人难为情的动作，我却像变魔术那样敏捷地完成了。”

(例 7) 普通人的错误一般不会造成太大的伤害。而像医生或药剂师犯的那些可能会造成比较严重后果的错误，更值得我们去关注和探讨。

由于我很少使用药物治疗病人，因此只有一次医疗失误的经历。我曾经治疗过一位年纪很大的老太太，在那几年当中我每天去看她两次。早上，我的治疗仅限于两项：点眼药水和皮下注射吗啡。我一般准备两个瓶子，蓝瓶子装眼药水，白瓶子装吗啡注射液。由于每天都重复这两个动作，因此在做这两件事的时候我很少注意我的动作，常常会想一些其他的事情。一天早上，我突然发现这种自动化的动作出现了错误；我把眼药水装在了白瓶而不是蓝瓶里面，而且已经把吗啡注射液当作眼药水滴进了患者的眼中。我非常害怕，但很快我又恢复了镇静，几滴 2% 浓度的吗啡液即便留在结膜囊中也不会造成什么伤害。我之所以害怕一定有其他的原因。

在分析这个小失误的原因时，我首先想起了一句话，“用失误突袭老太太”，这为我指出了解决问题的捷径。我对前一天晚上一位年轻人告诉我的梦印象非常深刻，这个梦只能在俄狄浦斯情结的基础上来进行解释①。在俄狄浦斯的故事当中，伊卡斯特王后的年龄丝毫没有阻碍故事的发展，这个奇怪的现象让我赞同这样一个假设：每个人现在所爱恋的母亲，都是在他小时候还非常年轻的母亲形象，而不是现在母亲的形象。当原本在过去和现在两个时间点上游移不定的幻想出现在意识层面，并且与某一个时间点相联的时候，就出现了矛盾。

在去看望那位年过九旬的病人时，我还深陷于对这件事情的思考之中。然后我就在那位老太太身上犯了个错误。不过，这个错误是没有多少伤害的，在把吗啡液滴入眼睛，

---

① 我想提到俄狄浦斯的梦，是因为它蕴含着理解俄狄浦斯王传奇故事的关键所在。在索福克勒斯那里，这个梦的联系被放在了约卡斯塔的话中。

或者把眼药水注射进皮下这两种可能的错误中，我选择了最没有伤害的一种。对于“可能造成严重伤害的错误行为背后有无意识目的”的假设，这个例子还是没有做出明确地回答。

下面布里尔的一次经历证实了这个假设，即使是那些非常严重的错误行为也是由无意识目的决定的：“一位医生收到了他年迈的叔叔病危的电报。尽管自己家里面还有很多重要的事情要做，但他还是准备马上动身远行，因为自从他一岁半时父亲去世，这位叔叔就开始照顾他，所以他的这位叔叔实际上就和父亲一样。当他回到叔叔身边的时候，他发现叔叔正遭受肺炎的折磨，因为叔叔已经八十多岁，当地医生对他的康复已经不抱任何希望，‘只是一两天的问题了’，尽管他自己是一个非常著名的医生，但是他并没有参与治疗，因为他觉得当地医生的处理非常恰当，他提不出任何其他的改进意见。”

“既然叔叔的去世就在这几天，他决定留下来为叔叔送终。他等了好几天，病人还在与病魔作顽强的斗争，尽管康复仍然毫无希望，因为又出现了许多的并发症，但是看起来一时半会是死不了的。一天晚上，睡觉之前他去病房给叔叔测脉搏。发现脉搏非常微弱，他决定不等医生过来，马上为叔叔做了皮下注射。病情迅速恶化，几小时之后他叔叔就去世了。最后时刻的症状似乎有一些奇怪，后来当他把针管中的药品放回去的时候，发现居然拿错了药，他拿的不是小剂量的强心剂而是大剂量的亥俄辛①。

“那位医生在读了我有关俄狄浦斯情结的文章之后，把这件事情告诉了我。我们都觉得，这个错误并不仅仅是因为他不耐烦，想回家去照顾他生病的孩子，而是因为他过去对这位叔叔（父亲）的憎恨与无意识的敌意。”

众所周知，许多比较严重的心因性神经症患者有时会出现自残的现象。这些患者有的终因心理冲突而导致自杀。根据我的经验，这些病人许多看起来属于意外的伤害，实际上都是自己造成的。总有一天我会用令人信服的案例来证明这个观点。

这种现象是由个体所具有的一种自我惩罚的潜在倾向造成的，一般情况下这种倾向表现为自责，而有时就会非常巧妙地利用外部环境来造成这种看起来属于意外的自我伤害。这种外部环境的出现有时是偶然的，而有时这种自我惩罚的倾向会促使个体去寻找这种环境以达到自我伤害

① 译注：一种植物碱，可供药用，起到镇静神经的功效。

的目的[①]。

在我职业经历的许多案例中，有一个值得详细报告。一位年轻妇女在一次马车事故中摔断了小腿，以至于不得不在床上躺了好几周。在这个事件中，引人注意的是她对疼痛毫无反应，而且面对不幸异常的镇静。这场意外还造成了她严重的神经官能症，持续了很长时间，最终被我用精神分析的方法治愈了。在治疗的过程当中，我弄清了这件意外发生的前前后后。她和忌妒成性的丈夫一起去她已婚姐姐家的农场度假，同去的还有她的许多兄弟姐妹以及他们的妻子和丈夫。一天晚上，她在亲人面前展示了她的舞蹈天赋，跳了一曲“康康”舞，大受欢迎，却使得她的丈夫极为恼火，小声地骂道：“你又当了一次婊子！”除了跳舞这件事之外，我们不去管她还有什么事情使她丈夫说出这番话来，但这句话确实伤害了她。那天晚上，她一整夜都无法入眠，第二天一早就决定驾车出去。她亲自去挑选马匹，拒绝了别人推荐的一组好马而另选了一组。当她

---

① 那些不是完全指向自灭的自我伤害，在我们现有的文化环境里只有一种选择，就是用意外来掩饰，或者通过佯装某种怪病发作。从前，这是一种悲伤的表现，其他的时间里它表达了对世界的虔诚或者厌倦的思想。

最小的妹妹希望带她的小孩和保姆与其一起出去的时候，遭到了她的断然拒绝。一路上她非常紧张，她提醒马车夫这些马很难驾驭，当这些烦躁不安的牲畜果真出了点小状况的时候，她吓得从马车上跳了出去并摔断了腿，而那些留在马车上的人却安然无恙。在了解了所有这些细节之后，我们有理由相信这的确不是一场意外。我们不得不佩服她的技巧，用这样一场意外来对她的“罪行”加以惩罚，因为这样一来，她很长一段时间内就不可能再去跳康康舞了。

说到我自己，虽然平常我很少发生这种自残的事情，但是在特殊的情境下，我相信自己也可能会做出这样的事来。我家里常有人抱怨自己咬伤了舌头、碰伤了手指等等，我常常不是同情他，而是会问，“你为什么要那么做呢?”我的一位年轻患者曾在治疗过程中告诉我，他想娶我的大女儿（这种事情自然不能当真），而我知道，当时我的女儿正躺在一家私人医院里面，生命危在旦夕！而他的这句话却使得我的拇指受到了最严重的挤压。

我的一个儿子非常活泼好动，这使得在他生病的时候照顾他成了一件很令人头疼的事情。一天早上，我们告诉他上午老老实实呆在床上，这让他很生气，威胁我们说要自杀，这大概是报纸教给他的方法！晚上，他指着胸前的一个肿块告诉我是撞到了门把手。我略带讽刺地问他为什么这么做的时候，这个十一岁的孩子解释道：“我早上不是威胁你们要自杀吗？我只不过试了一下。”但是，我并不认为自己关于自残的看法能够解释我儿子的问题。

如果有人相信“半有意自残”(如果允许这种尴尬术语存在）行为存在的话，那你也可能会接受除了有意识的、故意的自杀之外，还存在“半有意”的自我毁灭（无意识的意向)，它能够巧妙地应用某种对生命的威胁，并以偶发的不幸事故来加以掩饰。这种情况决不少见。自我毁灭的倾向并不仅仅存在于那些要完成自我毁灭的人身上，而是存在于每个人身上。自残就是这种冲动与反对这种冲动的力量相互妥协的结果，而且即使是那些真要自杀的人，这种倾向实际上也已经存在了很长时间，它被压抑在无意识当中缓慢地发展。

如果有意识去自杀的人会选择自杀的时间、方式和机会；那么，无意识的自杀则会等待一个驱动力，将自己融入某个因果关系当中，从而摆脱个体自我防御力量的压抑，这一点应该是很自然的。[1] 这绝不是无聊的讨论；我所知道

---

① 这种情形与女性遭遇性攻击的情况有些类似。由于无意识里对攻击者的顺从和忍受情感。当女子受到男人的攻击时，她不（转下页）

的许多看似意外的不幸（落马或摔出马车）都被证明具有自杀的可能。

例如，在一场官方举办的赛马比赛中，一位骑手被摔成重伤，几天之后宣告不治。在受伤后恢复意识的一段时间内，他的行为非常令人惊讶，而他事发前的行为则更加令人惊讶。自从他深爱的母亲去世之后，他就变得非常抑郁，曾在朋友聚会中痛哭失声，还和他最信任的朋友说起他想去死。他还希望放弃工作去非洲参战，而以前他对此毫无兴趣①。以前他对骑马非常热衷，而后来他尽可能逃避骑马。最后，在赛马之前，由于不能退出，他表达了一种不祥的预感，正如我们的理论所预料的那样，预感不幸成为现实。一个处于紧张抑郁状态的人不能像平常那样驾驭

（接上页）可能全力反抗。事实上，女人在这种情况下全身无力，至于为什么这样，没有人愿意给出解释。《堂吉诃德传》里桑丘的判决也许是明智的做法，然而心理学观点否认这是公正的。故事里说，一个女子向法官控诉某男人强奸了她；桑丘从被告身上拿出钱包补偿了女人，又怂恿男子抢回钱包。经过一路的搏斗，女人终于打赢了这场争斗，很是骄傲。这时候桑丘说："你已经显示了你在保护自己身体和钱财方面有同样的力量和勇气（不，也许有后者的一半就够了），那么大力士也不能强迫你。"

① 显然，战场上的情形符合有意识自杀的需求，只不过是回避了直接的方式。作家 Cf. 在《沃伦斯坦》一书中这样写道，对马克思•皮科洛米尼的死，瑞典船长说"他们说他希望死去"。

马匹，这完全可以理解，无须再寻找其他的理由。我完全同意这一点，但我还是想通过我们这里所强调的自我毁灭意图的“神经官能症”来寻找这种运动抑制的机制。

弗伦兹医生曾向我提供了一个报告，对表面看是擦枪走火所造成的意外事件的分析，他认为这是一次无意识的自杀企图。我同意他的推理：

“J君，22岁，是一位木匠，在1908年1月18日来访。他想知道能不能通过手术把他在1907年3月20日射入左太阳穴的子弹取出来。除了偶尔轻微的头痛之外，他感觉非常良好，而且检查也表明除了左太阳穴有一点粉状的伤痕之外，一切都很正常，因此我建议他无需手术。当我询问他如何受伤的时候，他坚称是自己无意中造成的。当时他正在玩哥哥的左轮手枪，他相信枪里面没有装子弹，因此他对着左太阳穴用左手扣动了扳机（他并不是左撇子），而实际上六个弹匣中有三发子弹。

“我问他怎么会有手枪的，他说当时他正在接受入伍体检，因为害怕与人打架，那天晚上去酒吧的时候带了手枪。由于静脉曲张他体检不合格，这使得他感觉很丢人。回家以后便玩起了手枪。他并没有伤害自己的意图，但意外确实发生了。在进一步询问他生活是否满意的时候，他先叹了一口气，然后说他曾与一个女孩彼此相爱，但最终她因为爱慕钱财，离开他移民美国了。他本想随她而去，但父母不让。他的女朋友是在 1907 年 1 月 20 日离开的，离发生意外只有两个月时间。

“尽管有这么多的可疑之处，但是这位患者坚持认为开枪只是一次‘意外’。”然而我却坚信，在玩手枪之前他忘记检查枪里是否有子弹，以及这种自残行为都是心理因素决定的。他当时一直处在不幸的爱情所造成的抑郁情绪当中，很明显他想去军队中‘忘记这一切’。当这种希望也落空以后，他转而求助于玩手枪，即一种无意识的自杀企图。他并没有用右手而是用左手扣动扳机，说明他真的只是想‘玩’，也就是说，他的意识里并不想去死。”

别人告诉我的另一件自残事件让我想起了这样一句成语——“作茧自缚”。

“X 夫人，来自一个中产阶级家庭，已婚，且育有三个孩子。她虽有一点神经质，但生活非常自如，因此还无需治疗。有一天她跌了一大跤，虽然伤痕只是暂时的，但当时她的确像是被毁了容，满脸伤痕。事情是这样的：她在路上跌了一跤，脸碰到了墙上，鼻青脸肿，眼眶青紫。因为她担心眼睛出问题，所以来看医生。等她平静下来以后，我问她，‘怎么会跌成这个样子呢?’她回答说，由于她丈夫几个月以来一直遭受关节炎的折磨，就在发生意外的前几天，她还提醒他走路一定要小心。她曾有过多次这样的经历，每当她提醒别人注意什么的时候，这些事情很快就会发生在她自己的身上。

“我并未满足于她的解释，问她是否还有其他的事情没有告诉我，她说在事故发生之前，她看到街对面的商店里挂着一幅很漂亮的画，突然很想把它买下来，装饰自己家的婴儿房。因此没有仔细看路，她就急急忙忙地过马路，结果被一堆石头绊倒，脸撞到了墙上，而且她没有用手做任何遮挡。买画的愿望立刻被忘掉了，她赶紧回家了。

“‘你为什么那么不小心呢?’我问她。

“‘哦’，她说，‘也许这只是一次惩罚，还记得我以前告诉你的那件事吗?’

“‘那件事到现在仍然困扰着你?’

“‘是的，后来我后悔万分，我觉得自己罪孽深重，是一个罪犯而且非常不道德，那时候因为神经过敏，我几乎快疯掉了。’

“她所说的那件事是一次人工流产。当发现怀孕之后，她和丈夫都觉得以他们的经济状况，无法再养育更多的孩子。因此决定找一位江湖医生来做人工流产，但后来还是不得不请专业的妇产科医生来收拾残局。

“她说，我经常自责，‘你杀死了自己的孩子！’而且我担心这样的罪行能够不被惩罚吗？既然你说我的眼睛没事，那我完全相信这就是一次惩罚。

“因此，这次意外一方面可能是为了赎回她的罪孽，另一方面则是为了逃避长久以来她所担心的更为可怕的惩罚。”当她跑向商店去购买那幅画的时候，所有的记忆和恐惧一齐出现了（在她提醒丈夫的时候，恐惧已经出现在了无意识当中），也许会用这样的话来表达：‘你为什么还要装饰婴儿房呢？你已经把你的孩子杀死了！你是个杀人犯！你一定会受到严惩！’

“这个思想并没有进入意识层面，但是它利用了当时外部环境中最不起眼的绊脚石来惩罚自己。正是因为如此，在跌倒的时候，她甚至都没有用手去挡一下自己的脸，而且一点也不害怕。这次意外的另一个不太重要的原因就是，她无意识当中想通过自我惩罚来摆脱自己的丈夫，因为她丈夫在这次犯罪中属于从犯。这一点可以从她非常多余的提醒自己的丈夫注意路上的石头中看出来。实际上，因为她丈夫的腿脚不好，走路已经非常小心。”

如果对自己的品德以及生命的愤怒可以掩藏在表面看起来笨拙的意外事件以及运动功能的失调当中，那么严重危及他人生命以及健康的错误也完全可能如此。我所提出的证明这个理论的证据都源于我对神经症的治疗经历，因此可能不能完全说明这个观点。下面要报告的这个例子可能并不是一个错误提取行为，而更接近“象征性行为”或者“偶发行为”，这一个案例为我提供的线索后来成为解决患者心理冲突的一种方法。

我曾经帮助一位非常智慧的男性改善他们的婚姻关系，他与年轻善良的妻子之间的分歧或许能找出很多种原因，但正如他自己所说的那样，这些都不是最根本的。虽然他一次次下决心与妻子离婚，但因为非常爱自己的两个孩子，只好一次次放弃这个念头。心理冲突的这种悬而未决，证明了无意识当中的某种潜在的动机助长了意识中的冲突，在这种情况下我一般是通过心理分析来解决这种冲突。有一天，他为我讲述了一件把他吓坏了的小事。因为他很喜欢自己的大儿子，常和他一起玩。他一次次把孩子抛向空中，再一次次接住，最后一次因为抛得太高，孩子的脑袋差点碰到了巨大的枝形煤气吊灯。小孩倒没有伤着，只是被吓晕了。这位父亲紧紧抱住孩子，而孩子的母亲歇斯底里地爆发了。完成这种粗心行为的能力以及父母这种暴力性的反应，都表明这并不是一个意外，而是一种象征性行为，表达了对所钟爱孩子的不良企图。

这位父亲实际上对孩子的疼爱与他伤害他的冲动之间的矛盾也可以解释。在这个孩子小的时候，这位父亲并不是很疼爱他。我们完全可以想象，这个男人当时因为与妻子不合，也许会想："如果这个对我没有任何意义的小家伙死了，我就会获得自由，与妻子离婚了。"因此，希望这个他现在深爱的孩子去死的愿望一直存在于他的无意识当中。直到这次意外的发生，我们才发现这个固着在无意识中的愿望。

这位患者的记忆中有一件发生在其小时候但影响非常深远的事：因为一个小弟弟的死，他的母亲经常埋怨他的父亲太过粗心，两人经常发生激烈的争吵，而且扬言要离婚。病人后来的生活状况以及我治疗的成功都证实了我的分析。

第九章

症状性行为与偶发行为

前面所描述的那些行为都以笨拙的行为和动作做掩盖，去干扰其他无意的行为，实际上却表达了个体潜意识中的意愿。而下面所要讨论的偶发行为与“行为的错误执行”唯一的不同之处就在于，它不需要任何借口做掩盖，不需要任何有意识的意图。它们完全是单独发生而且不具有任何目的性，我们觉得自己在做这些行为的时候“压根没想要这么做”“纯粹是意外”“只是不想闲着”，这种解释对于我们自己而言非常合理。这种不再以笨拙的动作作为掩盖的行为之所以与众不同，是因为它满足了以下两个条件：第一，不太引人注目，第二，不大会带来什么严重的后果。

在对从自己和别人身上搜集的许多“偶发行为”进行深入地分析之后，我觉得将这种行为称为“症状性行为”

可能更恰当。这个名称说明实施行为者自己对该行为并没有什么怀疑和猜测，也不想要透露什么意愿给别人，做这种行为的目的就是为了他们自己。像前面所提到的其他现象一样，这也是其症状的一部分。

在神经官能症的精神分析治疗中这种偶发行为或症状性行为最为常见。下面我将用两个例子来说明，在潜意识思想的支配下，这些看起来再平常不过的偶然事件实际上包含着多么深刻的含义，而且其行为又是多么的精准。当然，症状性行为和“行为的错误执行”的区分实际上并不是非常严格，因此，下面这两个例子也完全也可以放在上一章当中。

（例 1）在为一位年轻女士做精神分析的过程中，她给我讲了一件发生在她自己身上的偶然事件。昨天“在剪指甲的时候，一不小心居然剪到了肉”。实际上，这件事本身并没有多大价值，让我感兴趣的是，对这一件微不足道的小事，她为什么记得如此清楚，还专门讲给我听呢？唯一原因可能就是因为这是一种“症状性行为”。原来被弄伤的就是戴婚戒的那个手指，而且更为巧合的是，受伤的时间恰恰是在她的结婚纪念日，这样一来，这个行为的真实含义就很明显了。与此同时，她还提到了一个梦，这个梦暗示她丈夫行为笨拙，而她自己感觉麻木。但还有一个疑问，平常婚戒是戴在右手上的，而她却为什么伤害了左手的无名指呢？原来她的丈夫是一个法学家，一位“右博士”(Doktor der Rechte)，而她在少女时代所爱恋的一位内科医生，被戏称为“左博士”(Doktor der Linke)。这样说来，左手的婚姻也并非毫无意义了。

(例 2) 一个女孩说：“昨天，我毫无觉察地把一张百元钞票撕成了两半，还把其中一半给了一位来看望我的女士。这也是一种症状性行为吗？”经过仔细调查发现：这位女孩与另一位女士一起抚养了一名孤儿，为慈善事业她付出了大量的时间和金钱。而这些百元钞票正是那位女士送过来的，她把这些装在一个信封里面随手放在了写字台上。

来拜访她的是一位颇有声望的女士，她们在一个慈善活动中相识，那位女士想向她要一份需要进行爱心资助的人员名单。当时，手边刚好没有纸，这位患者就拿起写字台上的那个信封，把它撕成了两半，根本没想到里面居然还会装有什么东西，写好名单之后，将一半作为备份留了下来，而把另一半给了那位女士。

值得注意的是，这种毫无目的的偶然事件并没有造成什么严重的后果。只要所有碎片都在，这张百元钞票并不会因为被撕破而失去其价值。而且，一旦那位女士发现信封里面居然装着这么重要的东西肯定会马上把它送回来，因为写在信封上的名单非常重要，我们完全有理由相信她绝对不会随意把那半个信封给扔掉。

然而，这种通过遗忘来实现的偶发行为到底表达了什么样的潜意识思想呢？在这个案例当中，我与那位女士以及我的这位患者都非常熟悉。正是她当初介绍这个女孩来我这里看病的。如果我没说错的话，我的这位患者对她当初的介绍一直还心存感激。那这半张被撕破的百元钞票是否代表了她给这位妇女支付的报酬呢？也许还言之尚早。

我们还发现了一些其他线索。就在几天之前，有人通过这个女孩的亲戚打听，想知道她是否希望认识某位绅士。就在那位女士来之前的几个小时，追求者的求爱信恰好到了，这个意外使她非常高兴。因此，当那位女士在交谈中问及她的健康状况时，我的这位患者可能正在想："你帮我介绍了一位好医生，要是还能帮我介绍一位好丈夫（并且生一个孩子），我会更感激你。"

这两个介绍人在她的潜意识当中被结合在了一起，而且她把幻想中要交给另外一个介绍人的钱交给了那位女士。凑巧的是，我刚好在几天之前的一个晚上给她解释了症状性行为，而她这次的行为如此完美，让我不得不相信，她就是利用这么一个意外来做出这种行为的。

这些经常发生的偶发行为和症状性行为可以分为三类：习惯性出现的行为；发生在某种特定情况下的行为；孤立发生的行为。第一类行为（例如玩手表链、摸胡须等）基本上可以看作是个体的某种特征，与经常性的面部肌肉抽搐相关，而且完全可以将他们放在一起来讨论。第二类行为包括玩自己的拐杖、用铅笔到处乱写乱画、把衣袋里的硬币弄得叮当作响、揉面团和别的塑料制品、摸自己的衣服以及类似的动作等。

心理治疗中的这些非常有趣的动作，一般都隐藏着某种其他行为所不能直接表达的意义。一般来说，患者自己对此并不清楚，根本不知道自己一直在做完全相同的事情，当他的习惯性动作发生改变之后，他也完全意识不到，对自己行为所产生的后果也无法听闻，比如，他根本没有意识到自己口袋里面的硬币被弄得叮当乱响，在别人的提醒之后，他感觉非常惊讶。而对医生而言，就要非常注意去观察患者在无意识情境下所作的这些种种行为。患者惯常打扮的每一个细微的变化，每一个极小的疏漏，例如某个扣子没扣，都有可能表达了穿衣服的人所不希望直接表达出来的某种潜意识，而且一般而言，他们自己对此很难觉察。

在进行心理治疗的过程中，我们可以通过对周围环境以及所讨论主题的考察，以及当患者的注意力被引导到这些偶发行为上时所浮现出的真实意图来解释这些琐碎的偶发行为，并找出相应的支持性证据。由于和患者之间是一种医患关系，本来我不太愿意使用他们的分析案例来支持我的论断；但之所以仍然使用了这些材料，是因为我认为这些行为对患者和正常人而言都具有相同的意义。

尽管如此，我还是要用一个例子来说明习惯性的症状性行为也是正常人生活的一个非常重要的方面。

琼斯认为："弗洛伊德教授教导我们，婴幼儿时期生活的象征化对正常人所发挥的作用远远超过我们以前在心理分析过程中所发现的那样"。果真如此的话，下面这个简短的分析可能会很有意思，特别是从医疗的角度来看。

"一位医生在布置自己的新家时，不知道该把一个木制的直式听诊器放在什么地方，想了半天，他决定把它放在自己的写字台边上。这个位置恰好处于他和患者的座椅之间。这个行为本身很奇怪，首先是因为他现在一直使用的是一个双耳听诊器，这个直式听诊器早就不使用了，完全没有必要放在手边；其次是因为他一般把所有的医疗设备和器具都放在自己抽屉里面，而唯独这个听诊器例外。实际上，他自己对此根本没有细想过。有一天，他的一个患者因为从来没有见过木制听诊器，就很好奇地问他这是什么东西，直到这时他才注意到这个听诊器居然一直放在自己的手边。在他告诉了那位患者之后，她又问他为什么要把这个东西放在这儿呢？他就随口说，这个位置挺好的啊。此后他开始思考自己的这个行为背后到底具有什么样的潜意识动机。由于他对精神分析很感兴趣，因此他特地向我求教。

“进入他记忆的第一件事是这样，当他还在医学院读书的时候，对一名实习医生印象非常深刻，这位医生在查病房的时候手里总是拿着一个木制听诊器，但从来不用。他非常钦佩这位实习医生，因此与他关系也很好。当他自己成为一名实习医生之后，也有了同样的习惯，如果什么时候不小心把它落在了房间里面，就会感觉很不舒服，手里面空空荡荡的。由于他平常所使的听诊器是一个装在衣袋里的双耳听诊器，而且当他去外科实习，根本不需要任何听诊器的时候仍然保留这一习惯，所以，从这些情况来看，这种习惯好像确实没有什么实际的意义。

“由此看来，这一听诊器所蕴含的更多是心理意义，也就是说，其意义更多针对行为者本人。这种意义必然会与个体潜意识中的其他象征化含义相互联系，从而使其所蕴含的意义更加广泛和深刻。在进行分析之前，我首先想指出的是，这些意义与性器官有关；下面我会具体阐述这些联结是如何产生的。在医院的时候，如果忘了带这个听诊器，他就会感觉浑身不自在，而带着就会感到很轻松很自信，实际上这与所谓的“阉割情结”有关，“阉割情结”指的是在儿童时期，个体经常会担心自己身体的私处会被拿走，就像自己的玩具会不见了一样，这种恐惧会以另一种形式进入到成年时期。这种恐惧实际上来自父母小时候经常威胁如果他不听话，就把它割掉。这是一种非常普遍的情结，会使个体惴惴不安且缺乏自信。

“而该患者很多的童年记忆都与他的家庭医生有关。在进行精神分析的过程中，一个双重幻想从他埋藏已久的记忆中复苏，小时候，他非常依恋那位医生，当时他四岁，在这个幻想中，他的一位小妹妹出生了，也就是说，她是（1）他自己和母亲的孩子，此时父亲被放到了一边；（2）医生和他的孩子，因此在这个幻想中他自己既是男的又是女的。这件事引发了他强烈的好奇心，而后又无奈地发现在这个幻想中，那位家庭医生非常重要，而自己的父亲则可有可无，下面我们会指出这个幻想对他后来生活所产生的巨大影响。

“这个听诊器与性的联结是通过好多联结才形成的。首先，这个听诊器的外形——一个直直的、坚硬的中空的管子，一端有一个小小的球型凸起，另一端则比较宽，这是医生必备的随身医疗用具，医生在使用它进行诊疗的过程中所展现的高超技艺深深吸引了他儿时的注意。在他六岁的时候，由于经常生病，那位家庭医生经常用木制的听诊器放在他的胸部进行检查，当医生低下头将听诊器压在他的胸部，他一面听着规则的呼吸声，一面肯定感觉到了阵阵的快感。令他感觉更为惊讶的是，这位家庭医生居然会把听诊器放在自己的帽子里面。看病的时候他肯定要脱下帽子，然后把听诊器从帽子里面拉出来。他还记得在他八岁的时候，一位年纪稍大的男孩告诉他，这位医生经常与自己的女患者上床。这位年轻英俊的医生的确非常受周围妇女的欢迎，包括他的母亲。因此，他童年时最感兴趣的就是这位医生和他的‘器具’。

“与许多其他的案例一样，这位医生潜意识中对家庭医生的认同，可能成了他决定从事医生这个职业的主要动机。

第一，他发现这个医生在许多方面都比自己曾经非常嫉妒的父亲要强；第二，这位医生了解很多当时被严禁讨论的问题，而且具有很多放纵自己去做违背常理和法律事情的机会。而且他自己也承认在成为医生之后，曾经经历过女患者的多次色情诱惑，并与一位患者两次陷入爱河，且最终与一位女患者结婚。

“第二个进入他记忆的是一个梦，这个梦明显具有同性受虐狂的意味；在这个梦里，一个男人用一把‘剑’攻击他，而这个男人被证明就是那个家庭医生的化身。因为剑经常在梦中出现，因此一般都代表着和上面所提到的木制听诊器类似的东西。‘剑’让他想起了《尼伯龙根的传说》（Nibelung Saga）中的一段话，西格德（Sigurd）和布伦希尔德 (Brunhilda) 共眠，西格德将一把出鞘的剑放在他们之间，这件事使他产生了丰富的联想。

“分析到此，这个症状性行为的意义越来越明显。他把木制听诊器放在自己和患者之间，就像是西格德把剑（对等的象征物）放在自己和纯洁少女之间一样，是为了防止自己去触碰她。这个行为是两方面妥协的产物，一方面是在他自己的想象中，被压抑着的希望与任何一位具有吸引力的女患者发生亲密关系的愿望（性器官插入）；同时又提醒他这种愿望不能成为现实（剑的插入）。可以说，这种症状行为具有抵制诱惑的魔力。

“另外，我还想插入一段利顿（Lytton）爵士在《利塞留河》中的诗句，这些诗句曾给这位男孩留下深刻的印象：

对真正的伟人而言
笔比剑更有力。

而且他确实后来成为了一位多产的作家，且经常使用一支特别巨大的水笔。当我问他为什么要用这么大的一支笔时，他以一种特有的方式回答说：‘我有太多的话要说。’

“这个案例再一次提醒我们，那些‘无害的’和‘无意义的’行为同样可以为我们提供个体潜意识的重要线索，而且这种象征化的倾向在生命的早期就有了。”

在精神分析中，我还碰到过另外一个例子，那位患者是一位还不到13岁的男孩，患严重的歇斯底里症已经两年。在经过长期的水疗无效之后来找我用精神分析的方法进行治疗。我推断他肯定已经有了一些性经验，而且他现在13岁，肯定也会面临着一些性方面的困惑；但这毕竟只是一种推断，还需要更为确切的证据支持。最后我发现这位患者经常用手玩一大堆的面包屑，而这恰恰就是其表露心迹的证据。

一天，我看到他正在右手手指间卷什么东西；他一会把它塞进衣袋里面玩，一会再拿出来，反复倒腾。当时我并没有问他手里是什么，他却突然伸开手让我看。原来是被捏成一个大块的面包屑。在下一次会面的时候，他又带了这么一大块，而且在交谈的过程中，虽然他的眼睛闭着，但手指却以一种令人难以置信的速度快速捏着什么，这个动作激起了我极大的兴趣。原来他在捏一个小人，长得很像远古时代人们所崇拜的原始神像，一个脑袋，两只胳膊，两条腿，在两条腿之间还长着一个长长的附属物。

但就在快要捏完时，他突然又把它揉在了一起：然后他又开始继续捏，但那个附属物一会出现在神像的背部，一会又出现在别的位置，似乎是为了掩饰什么。本来我想告诉他已经看明白了，但又不想让他继续这么掩饰下去，因为他一直在捏面人好像什么也没有想。所以，我就突然问他是否记得一个罗马国王的故事，那个国王曾在自己的花园中为儿子派来的使者演了一出哑剧来答复儿子的询问。

尽管他刚刚过了阅读这个故事的年纪，故事细节比我要熟悉得多，但这个男孩却并不愿意回忆。他问我是不是一个奴隶头发被剃掉，头顶被写上回信的故事。我告诉他，“不是，那个故事是希腊史中的，”然后我把这个故事讲给他听：“修帕布斯 (Superbus) 国王曾劝诱他的儿子塞克梯斯（Sextus）潜入拉丁姆城。当他的儿子在拉丁姆城站稳脚跟之后，派信使给他送来一封信，询问下一步该怎么办。修帕布斯国王并没有直接回答，而是走进了花园，当信使再次询问的时候，他只是默默地砍倒了园中最大最美的几株罂粟树。信使将这一切都告诉了塞克梯斯，塞克梯斯明白了父亲的意思，很快就暗杀了拉丁姆城中几个最显赫的人物。”

在我讲故事的时候，这个男孩停了下来，不再捏面人，当我说到国王在花园中“默默地砍倒……”的时候，我注意到他迅速拧下了面人的脑袋。这表明他已经明白了我的意思，也表明他知道我也理解了他的意思。因此，我就直接询问他，并给出他想得到的答案，而困扰他很久的神经官能症很快就消失了。

健康人和神经官能症患者身上所表现出来的症状性行为非常值得我们关注。对医生而言，这些症状性行为可以为他们在新的或者不熟悉的情境下给出一些有价值的指导；对观察者而言，症状性行为会暴露个体的潜意识思想，而这会为他们提供更多有关个体的情况。而那些对症状性行为非常熟悉的人就像是东方传说中能够理解动物的语言的所罗门（Solomon）国王一样，能够读懂个体潜意识中的真实想法。

有一天，我去为一位举止怪异的男孩做检查。当他向我走来的时候，我发现他的裤子有一大块被弄脏了，而且污渍的边缘非常僵硬，我觉得这种污渍肯定是蛋白质。短暂的尴尬之后，这个男孩解释说因为自己嗓子嘶哑，所以就喝了一个生鸡蛋，不小心把蛋清洒在了裤子上。为了证实自己的说法，他还让我看一个小盘子中残存的蛋壳。他就是用这种无害的方式将我的怀疑搪塞过去了；但当他的母亲出去以后，我就对他帮助我如此轻而易举作出诊断而感谢他，然后开门见山的讨论他的手淫问题，而这正是困扰他的问题所在。

还有一次，我去为一位富婆看病，这位老太太生性极度吝啬而且非常愚蠢。她在给医生诉说病情的时候常常东拉西扯，弄得医生经常晕头转向，搞不明白她的问题到底在什么地方，最后却发现她的问题简单得不能再简单，根本不值一提。当我走进房间的时候，她站起来向我打招呼，却不小心把桌子上堆着的一些银币撞在了地上。在我帮她捡的时候，她又开始了听起来极其悲惨的诉说，我实在听不下去了就问她："你女婿是不是又花了你很多钱？"一开始她极力否认，但过了一会她又抱怨因为女婿挥霍无度使得她病情加重。还说再也不找我看病了。因此，如果你说出了朋友某个症状性行为的含义，那么你们的友谊恐怕也就到头了。

观察同桌人的进餐行为也能够证实他们最细微、最具有指导性的症状性行为。

汉斯·萨克斯曾说过：

"有一次我和一对老夫妻共进晚餐。因为老太太的胃有些毛病，所以很多东西不能吃。当一盘烤肉上来之后（这个菜老太太肯定是不能吃的），她丈夫问他要芥菜。老太太打开壁橱拿出一小瓶胃药，放在了她丈夫的面前。桶状的玻璃芥菜瓶与小药瓶之间自然相去甚远，因此很难说她是不小心拿错了。但在她丈夫大声笑话她之前，老太太完全没有意识到自己拿错了。这个症状性行为的意义非常明显，无须更多解释。"

下面这个例子由达特勒（Dattner）医生提供。

"有一次，我和同事H君一起去吃饭，他是一位哲学博士。他说起了试用生的种种艰辛，说在上学的时候，他曾做过一位非凡的驻智利全权大使的秘书。'但后来这位大使调走了，我不愿去拜见新任大使。’在说最后一句话的时候，他恰好夹了一块肉饼要往嘴里面送，却不小心掉了。我立即看出了这个症状性行为背后所掩藏的真实意义，对我那位不懂心理分析的同事说：‘你把到口的肉掉了。’虽然他没有意识到我所说的是他的症状性行为，却非常赞同的重复我刚才所说的话，好像我就是他肚子里的蛔虫一样，显得非常惊讶：‘那确实是一个非常好的机会，我错过了。’接着他顺着这个话茬，详细说明了他因为担心自己干不好，而错失了这个薪水颇丰的职位。

“实际上，我和我的这位同事并不熟，他本来不大愿意告诉我他从前经济状况非常窘迫，他压抑在潜意识当中的思想用这一症状性行为做掩饰，从而象征性地表达原本打算隐瞒的事情，使得潜意识中的压力得到释放，如果你明白了这一点，那么这种象征性行为的含义就很明了了。”

下面的几个例子完全可以说明，尽管个体看起来似乎没有任何明显的意图要将某些东西带走或者带来，但实际上也可能非常有意义。

（Ⅰ）达特勒医生说：“我的一位熟人在自己曾经青梅竹马的女朋友结婚后第一次登门拜访。他本来打算坐一会就走的，却没有想到耽搁了很久。他还说起了自己当时所做的一件非常奇怪的错事。

“当时女朋友的丈夫也在座，忽然他发现自己刚才放在桌上的一盒火柴找不到了。我的这位熟人也伸手在自己的衣袋里摸索了半天，结果什么也没有发现。可是回家之后，他却发现火柴就在自己的口袋里，而且更让他震惊的是火柴盒里面居然只有一根火柴了。

“几天之后，他所做的一个梦显示火柴盒象征着他的那位女朋友。这个症状性行为表示的就是他的优先权和独占权（火柴盒里面只有一根火柴）。”

（II）汉斯·萨克斯医生说：“我家的厨子非常喜欢做一种肉饼。有个星期天，她做好肉饼后送到餐桌上，在收拾上一道菜的盘子时，她又把这些肉饼放在最上面给端回去了。起先我们以为是肉饼有什么问题她拿回去重做了，但她好久都没有拿回来，我妻子就按铃问她‘贝蒂(Betty)，肉饼怎么了啊?’‘味道如何啊?’从她的回答来看，她似乎根本就没有明白我们的问题。我们只好告诉她，她刚把肉饼拿回厨房了。她刚才明明把肉饼放在一堆盘子上拿出去了，现在居然推说‘没看见’。

“第二天，当我们想吃剩下的肉饼时，我妻子发现饼一点也没有动。也就是说，这个女孩根本没有吃她很喜欢的肉饼。当我们问她的时候，她颇显尴尬地说，她不喜欢吃。

“在这件事中婴儿期态度出现了两次。第一，婴儿般的不知足，不愿意和别人分享自己喜欢的东西；第二，婴儿般的怨恨反应，‘如果你不给我，那你自己拿着好了，我不要了’。”

偶发行为或症状性行为在个体的婚姻中也非常重要，它可以使那些不关注自己潜意识心理的人对各种征兆产生兴趣。如果一名少妇在蜜月旅行时丢了婚戒，即使只是放错了地方而且很快又找到了，也绝对不是一个什么好兆头。

我认识一位女士，多年以来她在商业管理中经常签自己结婚前的名字，现在她离婚了。

有一次我去一对新婚夫妇家里做客，那位年轻的妻子笑着和我说起她最近的一件很有意思的事。蜜月旅行回来的一天，她丈夫去上班了，她就像以前一样拉着自己未婚的妹妹去逛街。突然她看到马路对面有一位男子，就轻轻推了推她妹妹说“那边好像是 L 君。”她居然忘了她已经和这位男士结婚几周了。听到这件事，我心里不由得打了个寒战，但却不敢说出我的推断。几年之后，当他们结束了这段非常痛苦的婚姻之后，我才又想起了这件事。

一位已经学会观察各种征兆的朋友告诉我，著名演员爱丽劳拉·杜斯（Eleanora Duse）曾在自己的表演当中也引入了症状性行为，并且获得了很大的成功，从她的表演可以看出她对角色的理解非常深刻。这是一出偷情的戏；她与丈夫说完话之后，独自站在那里自言自语，等待情郎的出现。在这个短暂的过程中，她不断地玩弄着自己的婚戒，一会取下，一会带上，最后又把它卸下来。这表明此时她已经心有旁属了。

我认识一位老人，他娶了一个非常年轻的姑娘。他决定新婚之夜先去一家酒店住，然后去蜜月旅行。但是刚到旅馆门口，他就发现钱包不见了，因为蜜月旅行的所有费用全都装在里面，所以他一下子很紧张，心想肯定是自己把它放在其他地方或者弄丢了。他赶紧打电话让仆人在家里找，最后终于在他的一件大衣口袋里找着了，而这件大衣他原本准备旅行时要穿的，却不小心给落在家里了，仆人赶紧给他送了过去。从这一事件我们可以看出，这位老人也许是在懵懂之中选择了这场婚姻。

虽然“丢东西”令人不快，但换个角度来看，人们之所以会“丢东西”，恰恰可能就是症状性行为的延伸，而这一延伸非常的隐秘。因此，“丢东西”相对于失主的真实潜在意图来说还是很微不足道的。与其他丢失行为不同的是，失主对所丢的东西很不在意，或者不喜欢送他这个东西的人，或者把丢失其他东西的愿望转移到这件东西身上，或者通过象征性地联结把丢失某个贵重物品的愿望转移到它的身上。丢失贵重物品可能表达了多种情感：既可能象征性地代表了一种潜意识中的思想，即一个你不愿意再提及的记忆，也可能代表了对命运之神的献祭，这种对未知力量的崇拜现在依然盛行。

下面这些例子还是对丢失行为的说明：

达特勒医生说："一位同事告诉我，他把自己一支非常珍爱的钢笔丢了，这支笔他已经用了两年且性能非常好。在分析中我们发现了以下事实：丢东西的前一天，他收到了一封她姐夫的来信，这封信让他感觉很不愉快，信中说：'你成天没心没肺又懒惰成性，我不会再浪费时间帮你了。'这封信的威力如此巨大，使得他第二天就丢了姐夫曾经送给他的这支钢笔，以表示不再背负他的帮助。"

布里尔报告了下面这个例子："一位医生举了一个与我书中提到的观点相反的例子，'我从来没有丢过自己真正喜欢的东西'（《心理分析：理论与实践》，第214页）。他的妻子对心理学也很感兴趣，读过《日常生活中的精神病理学》那一章；他们两人对其中新颖的观点印象非常深刻，而且对其中的大部分观点表示接受。然而他却不赞同上面所提到的这个观点，正如他对妻子所说的那样，‘我真的不想失去我的那把小刀’，他所说的小刀是他妻子送给他的，价值不菲，他对此非常珍爱，因此它的丢失曾使他非常心痛。

“他妻子非常轻而易举地就发现了他这次丢失行为的原因，这使得他们两人都赞同了我的理论。当初她送给他小刀的时候，他虽然不太情愿，但还是收下了。尽管他认为自己很想得开，但实际上他一直不愿意用小刀做礼物，因为迷信的说法是刀子会割裂友谊。他还把这一点告诉了自己的妻子，但妻子笑话他太迷信了。几年之后他终于把这把小刀丢了。

“分析发现，小刀的丢失与那段时间他和妻子的激烈争吵有关，这些争吵几乎导致他们的婚姻破裂。在继女（这是他的第二场婚姻）来和他们一起生活之前，他们一直生活得很幸福。继女的到来使他们产生了很多误会，正是在争吵最为激烈的那段时间，他的小刀丢了。

“在这一症状性行为中，潜意识行为得到了清晰地展示。尽管他嘴上不承认自己迷信，但实际上他潜意识中仍然相信赠送小刀会割裂人们之间的友谊。丢失小刀只是对可能失去妻子的潜意识防御，通过献出那把小刀来使迷信的咒语无效。”

经过深入地讨论，在梦的解析方法的帮助之下，奥托·兰克清楚地阐明这种献祭行为有着深刻的内在动机。必须指出的是，症状性行为为我们提供了一条理解个体隐秘的心理生活的途径。

下面的这个例子会表明，对于那些看起来似乎是孤立发生的偶发行为，即使不用分析，也会发现其存在着非常深刻的内在含义。这个例子既可以说明这种症状性行为一般会在什么情况下发生，还可以说明实际观察对于理解症状性行为的重要性。在一次夏季旅行中，为了等同伴我在一个地方连续待了好几天。当时我认识了一个小伙子，他也是一个人，所以很愿意和我一起玩。因为我们住在同一家旅店，所以经常一起吃饭，一起出去散步。

就在第三天的下午，他突然告诉我，他要求妻子乘坐晚上的快速火车来这里。这一下子激起了我的兴趣，因为那天早上我的这位新同伴不再愿意和我一起去远足，在短暂的散步中，他也反对走我们原来走过的一条小路，说它太陡太危险。在下午散步的时候，他突然对我说，我肯定饿了，而且一再坚持我应该赶快去吃晚饭，而他要等妻子来了共进晚餐。我明白他的意思，就去吃饭了，他就去了车站。

第二天早上，我在旅店大堂碰到了他。他给我介绍了他的妻子，还说：“你愿意和我们共进早餐吗?”因为我要到旁边的街上办点事，就说我一会回来。后来，当我走进早餐厅的时候，我注意到这对夫妻坐在窗户旁的一个小桌子上，两人坐在一边。对面只有一把椅子，却放着一件厚重的男式大外套。我完全理解大衣放在那儿的意思，这当然是无意的，却说明：“这儿没有你的位置了，你是多余的了。”

因为没有地方坐，我只好站在桌子旁边，那个小伙子并没有注意到我，但他妻子看到了，赶忙用肘轻轻推了推她丈夫，小声说：“哎你的大衣占了人家的地方了。”

这些症状性行为和其他的类似行为都使我觉得，这些无意识行为是造成人与人之间误解的重要源泉。行为的发出者，并不认为自己有什么其他的意图，或者根本没有考虑到这些，因此并不认为自己应该为行为的后果负责。另一方面，行为的接收者，虽然自己平常也这么解释自己的这种行为，但此时却认为对方的行为包含某种特殊的目的和意图。行为的发出者则会因此而感觉很愤怒，觉得对方的说法没有根据，因为他自己的行为根本没有什么无意识的意图，抱怨自己遭人误解。仔细分析发现，这种发现恰恰是因为你对对方太了解了。越“神经质”的两个人就越容易制造争吵的借口，因为他们总是竭力否认自己会那么做，却坚信别人会那么做。

人们在“遗忘”“行为的错误执行”及在冲动掩饰下所作出的行为，实际上是对个体内心不诚实的一种惩罚，这种冲动原本在个体感觉自己无法控制的时候就应该向自己和他人进行坦白。但事实上，每个人都只是在对周围的人进行着心理分析，因此，往往对别人的了解要比对自己的了解还要多。如果我们要研究自己那些明显是不经意的行为和疏漏，就请记住这句话——“认识你自己。”

第十章

错　误

记忆错误不同于遗忘和错误回忆，不同之处在于：错误记忆常常并不被人们看作是错误的，往往会被当真，而使用“错误”这个表达方式可能还要依赖另外的条件。我们常说“记错了”，而不说“错误记忆”，是为了强调心理材料的客观现实性，即我们记住的不是自己的心理生活事件而是其他的东西，或者是一些通过他人的记忆而得到证实或证伪的东西。在这种意义上，与记忆错误相对的概念是无知。

在我的《梦的解析》一书中，有许多历史方面的错误，最重要的是许多错误都是非常浅显的历史常识，这使我感到很惊讶。仔细分析之后发现，这些错误的出现并不是因为我的无知，而是因为记忆错误，这种错误可以按照精神分析的方法进行解释。

(例 1) 在《梦的解析》第 361 页，我说席勒的诞生地是马尔堡城。在对我的一个梦进行分析的时候发现了这个错误。那天晚上我在火车上被列车长“马尔堡站到了”的喊声吵醒，当时我正梦见有人向我询问席勒的一本著作。但是席勒的诞生地并不在马尔堡城，而是在斯瓦比亚城的马尔巴赫。我坚信自己对此一直很清楚。

(例 2) 在 165 页，汉尼拔父亲的名字被写成了哈斯朱拔。这个错误令我非常恼怒，但它却是我在这类错误中最确定的一个。没有几个读者比我这个作者更加了解巴卡家族的历史，但我却写错了，而且三次校对居然也没有发现这个错误。汉尼拔的父亲名叫哈尔卡·巴卡，哈斯朱拔是汉尼拔的哥哥即他姐夫的名字。

(例 3) 在 217 页和 492 页，我写道，宙斯阉割了他的父亲克洛诺斯，又把他从王位上赶了下来。由于我的错误，这件恐怖的事情被往后推了一代人。实际上，在希腊神话中，这件事是克洛诺斯对他的父亲乌拉诺斯做的。

读者也许可以证明，我的记忆力还是很不错的，可以记住很多生僻和琐碎的知识。但为什么这次在经过三次校对后仍然犯了这么明显的错误呢?

歌德在谈到里森伯格时曾说：“他所说的每一个笑话，都隐藏着深意。”在这里，我们同样可以说：每个错误背后都隐藏着被压抑的无意识内容。释梦实际上是很困难的，因为梦的主题很难把握，所以往往半途而废，而且在报告分析结果的时候，常常需要省略一些细节，并对内容进行一定的修饰。我觉得用释梦来说明这个论断最恰当不过。因为梦中包含着很多被压抑在无意识中的思想，而这些思想很难进入人的意识当中。尽管如此，还是有一些思想冒犯了人们敏感的灵魂。因为这些思想的变形或隐藏不可能不留下任何的蛛丝马迹。我在写作的时候，心里的话也经常会受到压抑，压抑多了，就难免会出现一些自己注意不到的错误。实际上，上面的这三个例子都在无意识中与我已故去的父亲有关。

（对例 1 的解释）尽管在《梦的解析》中我曾对自己的父亲进行批评，但这种批评却并不深入，细心的读者也许会从中看出一些端倪。在那本书中，我父亲有一个生意上的朋友，名字叫马尔堡，这与我梦中那个南方的火车站同名。在分析当中，我尽力将马尔堡这个名字压抑在无意识当中，不让自己和读者意识到，但它却为了报复这种压抑，出现在了不应该出现的地方，将席勒的诞生地从马尔巴赫改为了马尔堡。

（对例 2 的解释）在把哈米尔卡写成哈斯朱拔的错误中，我用兄弟的名字替代了父亲的名字。小时候，因为父亲是犹太人，被看作是“人民的敌人”，我对他的所作所为非常不满。直到我去英国见到了同父异母的哥哥才改变了对父亲的这种不满。哥哥是我父亲前妻所生的。他的大儿子和我差不多大。因此我常常幻想，我要是这位哥哥的儿子该多好啊！这种被压抑的无意识使我在写书的时候将父亲的名字换成了兄弟的名字。

（对例 3 的解释）对这位哥哥的记忆也可以解释我为什么会把希腊神话里的恐怖事件降了一代。大哥的警告在我的记忆中挥之不去：“在你的一生中，永远不要忘记一件事，与其说你是父亲的儿子，还不如说你是他的孙子。”因为我父亲老年再婚，生我的时候已经年纪很大。而我恰好是在探讨亲子关系的时候犯了这个错误。

在给朋友和患者释梦的时候，他们常会提醒我分析错了。这些错误我们也记录了下来。在重新分析这些个案的时候，我发现错误往往发生在我试图扭曲或者隐藏某些东西的时候。这又是一种在你有意识地隐藏或压抑某些东西的时候，所发生的自己注意不到的错误。

必须把这种因为压抑所造成的错误与因为无知所造成的错误严格区分开来。例如，当我参观瓦丘的时候，我却以为自己在参观革命领导者菲斯丘夫的墓园。仅仅是因为这两个地方的名字相同而已。实际上，菲斯丘夫的墓地位于卡森，我原来根本不知道。

这里还有一个令人尴尬万分却极具指导意义的错误，实际上这个错误也可以说是因为一时的疏忽造成的。有一天，一位患者提醒我把答应借给他的两本有关威尼斯的书带给他，作为他东游的参考。我原本答应去图书馆给他借。但事实上，我把这件事忘了，因为我很不赞成他的这次旅行，觉得他是故意中断治疗的，而且使我的收入减少。因此，当他提醒我的时候，我只能赶紧到图书馆去找。

一本是 *Venedigals Kunststatte*，另一本好像是历史书。啊！找到了，就是《美第奇》。但当我把书带给他时，却尴尬地发现自己弄错了。我当然知道美第奇和威尼斯没什么关系，但在当时的一瞬间，它却以一种完全错误的形式出现在我的脑海当中。平常我经常毫无保留地指出患者的症状性行为所隐藏的真实含义，这一次，我也不得不实事求是地说，我对这次旅行非常不满。

人们表达真意的动机非常强烈，这可能完全超出了你的想象范围，你可能会感觉非常惊讶。也许是我职业的原因，精神分析使我根本没有办法撒谎。有时候我想说得委婉一些，但很快，一个错误或者别的失误动作就会泄漏了我的真实意图，这一点在这个例子以及前面的例子中都得到了证实。

在所有的失误行为中，错误的机制似乎最好理解。错误的发生往往表明心理活动受到了某种干扰，但错误并不是由干扰物的数量所决定，所以单纯从这各方面判断，干扰可能还是很模糊的。许多单纯的语误和笔误大都是这种情况。每次出现语误和笔误的时候，我们的心理活动都遭受到自己意识不到的某种干扰。尽管语误和笔误一般都是遵循相似和便利的原则，或表现出明显的加速倾向，但对于错误的干扰源却不留下任何痕迹。所以，我们有时候能从字面和语音中找到错误的来源，有时则无法找到。

为了不把错误行为仅限于我个人身上，下面我还会举几个其他患者的例子来说明错误行为。实际上，这些例子也可以放在第五章《口误》或第八章《行为的错误执行》中，但放在这里也没有什么问题。

(例 1) 我曾经不让一位患者给他的女朋友打电话，因为他已经决定和她分手，但每次一打电话，他就又犹豫不决了。最后他决定给她写封信来了断这份感情，尽管如何把信送给她还是一件难事。一点钟的时候他来拜访我，说他已经找到了解决这些难题的办法，问我是否可以给他专业性的帮助。

两点钟时，他把写好的绝交信装进了信封。突然他对母亲说："啊！我忘了问教授，可不可以在信中提到他的名字。"他赶忙拿起电话问："请问教授吃完饭了吗，我找他有点事。"电话里的回答令他惊讶万分："阿道夫，你怎么了？"电话中正是他的女友，原来他把电话号码按错了。

(例2)一位年轻的教师，虽然家里很穷，却长得一表人才。他在暑假里追求一位来度假的女孩，女孩深深爱上了他。尽管两人的社会地位和种族差异颇大，但是女孩成功地说服了家人答应了这桩婚事。然而，有一天这位年轻的教师给他哥哥写了封信："她虽然不美丽，但温柔体贴，到目前为止我们相处得非常好。但是一想起要与一位犹太女孩结婚，我还是有些犹豫不定。"没想到的是，这封信居然到了他未婚妻的手中，婚事自然泡汤了，而与此同时，他的哥哥却因为收到了一份直白的情书而莫名其妙。他后来告诉我的确是弄错了，并不是在耍什么诡计。

我还记得另一件事，一位女士对家里年迈的家庭医生非常不满，却不好意思开口让他走，最后也是通过寄错信才达到目的的。因此，至少在这个例子当中，我可以断定确实只是一个错误，而不是我们常在喜剧电影里面看到的那种有意识的诡计。

（例3）布里尔曾说起一位女士，她老是称呼一位朋友出嫁前的名字。她自己也注意到了这个错误，她说自己不喜欢那位朋友的丈夫，对他们的结合非常不满。

迈德提供的这个例子，很好地说明了错误行为往往表达了那些不愿意被压抑的愿望。一位同事本来想远离尘嚣自由自在的生活，却又不得不去瑞士的卢塞恩市做一次乏味的演讲。考虑再三，他还是决定去。他先从苏黎世坐火车到亚哥达，然后再转车去卢塞恩市，一路上他都在埋头看报。到站以后，列车长却告诉他坐错车了，他的票是去卢塞恩的，却又从亚哥达坐回了苏黎世。

最近我也犯了一个非常类似的错误。我曾答应大哥，去他的英格兰海滨别墅住段时间，因为时间很仓促，我选择了一条最近的路线。本来我想在荷兰逗留一天，但大哥说，我可以回去的时候再去荷兰。所以我便从慕尼黑经科隆到鹿特丹，在鹿特丹乘坐午夜的汽船到哈尔维。在科隆我必须换乘汽车去鹿特丹，但当我下了火车以后却找不到去鹿特丹的汽车。我在火车站问了很多人，从一个月台跑到另一个月台，陷入极度的绝望之中。很明显，在这半天徒劳无益的寻找中，我可能已经错过了去鹿特丹的汽车。

事实也确实如此，我思虑再三是否要在科隆住一晚。有一种虔诚的情感要我留在这里，因为听祖辈说，我们的祖先曾经在一次反犹太人的运动中被赶出这个城市。但最终我还是做了另一个决定；我坐下一班火车到了鹿特丹，到达时已经是深夜，我只好在鹿特丹逗留了一天。在这里我终于实现了长久以来的愿望——在海牙和阿姆斯特丹皇家博物馆欣赏到了伦勃朗的绘画作品，美极了！直到第二天中午，火车到达英格兰的时候，我才真切地想起，我在科隆下车的时候，就在同一个月台上，没隔几步远就有一个大大的广告牌“鹿特丹”，广告牌下面就停着一辆让我顺利完成此次旅行的列车。

如果你不这么认为，那我明明已经看到了清晰的指标，却为什么要急匆匆地到处找另一趟火车呢？这只能被看作是难以理解的“盲目”了，因为我本来就打算先去看的画。其他的一切，包括非常逼真的混乱状态和期望在科隆过夜的虔诚愿望，都只是为了完成去看伦勃朗的画这个目的所做的掩饰。

上文中我已经提到了种种常见的严重错误，有些人可能不以为然。但请你们想一下，对那些人们日常生活和科学研究中更严重的判断错误，是否也应该持有这样的看法。只有最优秀最平衡的心智，才能防止个体在知觉过程中歪曲客观事实。

第十一章

混合过失行为

上一章提到的两个例子，我对这两件事情的解释并不充分，仔细考虑之后发现，这两件事同时包含了遗忘和错误。下面的例子可以更加清晰地表达这种结合的特点：

(例 1) 一位朋友对我说起下面这件事："几年前，我参加了一个文学社团，当时觉得这个组织可以帮助我排演我的戏剧。尽管对他们的活动不是很感兴趣，但我还是每周五都去参加活动。几个月之前，我终于得知我所写的剧目要在 F 剧院演出了。从那时起，我便老是忘记去参加他们的活动。当接到他们的活动通知时，我对自己的缺席感觉很内疚，觉得自己做得太过分了，在不需要的时候就抛弃他们，对此我非常自责，下决心一定不能忘了下周五的活动时间。在这一周我不断地提醒自己，当我终于站在会议室门前的时候，却惊讶地发现门是锁着的，原来活动早就结束了，我记错了时间，那天已经是星期六了！”

(例2) 下面这个例子是症状性行为和错误摆放物品的结合；我费了很大周折才打听到这件事，但消息的来源绝对可靠。

一位女士和她姐夫一起去罗马旅游，她姐夫是一位著名的艺术家。他们受到了在罗马的德国人的热烈欢迎，收到很多礼物，其中包括一枚古代的金质勋章。但这位女士发现，自己的姐夫对这份精美的礼物并不感兴趣，她很伤心。回到家之后，打开箱子一看，不知道为什么，她居然把这枚勋章带回家了。她赶紧写信告诉姐夫，说她第二天一定把这枚勋章送回罗马。然而，到了第二天，她却发现这枚勋章不知道放在哪里了，到处都找不到，自然也就没有办法送回去了。此时她才终于明白，自己看起来“无心的”行为，实际上就是为了将其据为己有。

(例3) 在下面这个例子中，过失行为反复出现，只不过每次的表现形式不同:

不知道什么原因，琼斯把一封信丢在桌上好几天，忘了寄出去。最后终于寄了出去，但因为忘了写地址被退了回来。他只好写上地址又寄了出去，结果又被退了回来，这次是因为没有贴邮票。此时，他不得不承认自己无意识里是反对寄这封信的。

(例4)维也纳的卡尔·维斯医生在一篇关于遗忘的短文中说，当自己的目标与无意识相反时，自己的努力往往会无功而返。“如果无意识要坚持干扰实现某个目标的话，要反对这种干扰是非常困难的，下面的例子可以说明这一点：一位朋友向我借本书，让我第二天带给他。我立刻答应了下来，但内心明显有种说不出来的不悦。后来我才想起来：这个朋友曾经向我借了一笔钱，好多年都没有还，而且根本没有偿还的打算。尽管当时我没有细想，但第二天上午，这种不悦感再次出现，我便对自己说：‘你的无意识希望你忘掉那本书，你要记住，千万别再那么小气。’回到家之后，我用纸将书包好放在桌子上，开始写信。

“写完信之后，我就出门了，没走几步我就发现刚写完要寄出去的信落在桌子上了（顺便说一句，其中有一封信是写给某人，他正在做让我不高兴的事情）。我返回去拿上这些信再次出门。当我坐上公交车的时候，突然想起还要给妻子买些东西，让我高兴的是这些东西总共也只是一小包，很轻松。而这个‘小包’突然让我想起了‘书’，直到此时我才发现忘带那本书了。我不但在第一次出门的时候忘了带书，而且在回去取信的时候再一次忽视了放在旁边的书。”

(例5)下面奥托·兰克所观察到的这个案例具有相似的机制。

“一位极度谨慎小心、迂腐呆板的人告诉我一件自认为不同寻常的事：一天下午，在街上他突然想看一下几点了，却发现手表居然落在家里了，而他以前从来没有出现过这种失误。因为他要去赴约，来不及回家取手表了，他就顺路去一位女性朋友家借了一只手表。这是解决这一两难问题的最好方法，他本来已经约好第二天去看这位女性朋友，因此，他答应第二天去的时候把手表还回去。

“但第二天，当他到了这位女性朋友家的时候，却发现自己把借的那块表忘在家里了，胳膊上戴的是自己的表。他痛下决心当天下午一定把手表送还这位女士，他的确也做到了。但当他走出这女士家，去看时间的时候却惊奇地发现，自己的手表又被落在家里了。

“这种过失行为的再三出现似乎是一种病态，使得这位生活极为有序的先生非常焦虑，想知道自己的心理动机。当问起他第一次忘表的那天有没有什么不愉快的事情发生时，很快便发现了他的动机。他说那天午饭后，在出门之前他曾和母亲一起聊天。母亲告诉他，一位毫无责任感的亲戚又把他自己家的表当掉了，这位亲戚以前给他带来了很多麻烦，而且也花掉了他很多钱，因为家里不能没有表，这位亲戚又来借钱，想把自己的表赎回来。这种‘被迫的’债务使得我们这位患者十分痛苦，一时间，这位亲戚多年来种种令他不悦的事情一齐涌上心头。

“因此，他的症状性行为是多种原因造成的。首先，它可能表达了这样一个思想流：我不想让自己的钱这么被敲诈，如果你真的需要手表，那把我的留给你好了。”但是当晚的约会需要用手表，因此，这种意图只是以症状性行为的形式停留在无意识当中。其次，遗忘表达了如下伤感情绪：‘老是为这种饭桶浪费钱财，终有一天会把我拖垮，葬送掉自己的一切东西。’根据这位患者的报告，他的愤怒只是暂时的，但相似的症状性行为反复出现却无可置疑地说明：这种情绪在无意识里面仍然非常强烈，体现在意识当中也许就是‘这件事令我无法释怀’。[①] 知道了无意识的这种态度，就很容易理解为什么那位女士的表也会被他忘掉了。

“然而，忘记那位‘无辜的’女士手表可能还有其他一

---

① 一旦错误行为后面紧跟着一个梦，这种无意识里的持续行为就会得到表达。有时同样的行为会不断重复，或屡次改正都不改变。

些特殊的动机。最近的动机可能就是他想拿人家这块表来代替自己那块成了牺牲品的手表，因此他第二天去还的时候忘带了。另外，他还想把这块表作为纪念品保留下来。而且，忘带手表他就可以再次去拜访这位他爱慕的女子；那天早上他因为别的事情必须去拜访她，遗忘手表说明他似乎不愿意用这个早就定好的约会来做归还手表这种小事。

“两次遗忘自己的手表，这使得这位女士的手表有可能成为替代品，这说明我们的这位患者无意识中不愿同时带两只手表。一方面他可能是为了不想显得自己非常富有，与那位亲戚形成过于鲜明的对照；但另一方面，也说明他想以此来告诫自己不能和这位女士结婚，自己与家人（他的母亲）是密不可分的。

“最后，遗忘那位女士的手表可能还有另一个原因：第一天晚上，因为他还单身，所以不好意思让朋友看到自己带着一块女表，只能暗地里偷偷地看，为了避免这种令人不安的情景再次出现，他不愿再把这块表带在身上。但他又不得不把表还给人家，因此，无意识便引导出症状性行为作为这两种冲突性情感之间的妥协，以实现无意识的意图。”

在同一次讨论中，兰克还注意到与“过失行为和梦”之间的有趣关系，但如果没有对与过失行为相关联的梦进行深入的分析，就无法对其进行探讨。我曾经非常清晰地梦见自己丢了小笔记簿。早上穿衣服的时候，真的就找不到它了；而前一天晚上，我入梦之前脱衣服的时候，忘记把它从裤子口袋里拿出来放在平时放的地方了。因此，这个遗忘行为可能并不真的是遗忘；它可能表达了一种无意识的思想，而这种思想当时正准备进入我的梦乡。

我并不认为从这些双重过失行为的案例中，能够发现在以前的案例中所没有看到的东西。过失行为的形式虽然不断在变化，却仍然指向相同的目标，这一现象使我们相信，一种意愿在追寻一种确定的目标时，往往是非常具有耐性和可塑性的。而且这使我们更加相信，过失行为并不只是一种偶然行为，也并不是不需要进行解释的。我们常常可以看到，意识对过失行为往往无能为力。尽管如此，我的那位朋友到底还是没有去参加那个文学社团的活动，那位女士也无法放弃那枚勋章。当与这些决定相对的无意识发现一个出口被堵上以后，马上会去寻找另一个出口。仅靠意识中的反决定来克服无意识的动机很困难；需要通过心理上的努力使这种不自知的无意识为个体意识到，才有可能实现对其的克制。

第十二章

决定论、偶然及迷信

根据上述分门别类的讨论，我们可以得到以下原则：在精神分析过程中，心理能力（我们期待不久的将来会对其一般特征做出精确的界定）的某种匮乏，以及一些表面看似无意的行为可能都具有强烈的动机，而且在此过程中迫使不为个体所知的动机进入到意识层面中来。

要判断一种心理错失行为是否属于此类现象，并按照这种现象的规律对其做出解释，那它必须满足下列几个条件：

（一）不能超越一定的标准，该标准必须通过我们的估计来确立，而且其表达方式必须在“正常范围以内”。

（二）必须具有暂时性干扰的特征。对于同样的动作，必须是我们以前做得非常好，或者是我们相信自己能够做得非常好的行为；如果别人指出了这种行为的错误，我们必须能够立刻认识到别人的纠正很正确，而自己的行为确实是错了。

（三）如果我们发现了某一过失行为，一定不能发觉有任何动机存在，而坚持用“没有注意到”或“意外”来解释。

同属此类行为的还包括遗忘和错误，尽管非常熟悉却还是说错、写错或读错、做错（包括错误提取行为以及所谓的偶发行为）。之所以能对这些心理过程作出如此详细地解释，与我大量的观察案例是分不开的，这些案例还会激发进一步探讨的兴趣。

Ⅰ.如果我们认为部分心理能力不能从目的性角度进行解释，则必将忽视心理活动中的因果律。与其他领域一样，决定论的影响早已超出我们的想象。1900 年，我曾在《时代》杂志上看到过文学史家梅耶所写的一篇文章，他认为个体不可能有意识或故意去写一些无意义的句子，他还举例对此做了说明。一段时间以来，我一直认为一个人不可能随便说出一个数字或一个名字。如果仔细考察这些看起来似乎是随便说出来的信息，比如人们在高兴时随便说出的一些数字，总会发现这些信息早都是被严格限定好的，而对此限定我们可能压根就没有想到过。现在，我会简要讨论一个“随便选择”名字的事例，再仔细分析一个类似的“脱口而出”的事例。

我一面整理将要出版的患者病历，一面思考在文章中应该给一位患者起个什么样的名字。选择的范围似乎是很大的，当然有些名字肯定是不能用的。首先是患者的真名；其次是我家人的名字；还有一些发音比较特别的女性名字。尽管要排除这些，但为她挑选一个名字仍然并不费事。所有人都会这么想，而我自己也确实是这么想的，还有一大堆的女性名字可以供我选择。但恰恰相反，只有一个名字出现在我的脑海当中，那就是杜拉。

我想搞清楚个中缘由，“谁还叫杜拉呢?”突然，我想起我妹妹家的保姆名字就叫杜拉，这个想法刚开始的时候差点被我认为毫不相关而丢开。但我的自控能力很强，你也可以说是经常做精神分析的结果，所以我牢牢地抓住了这个想法并深入了下去。前一天晚上的一件小事突然闪现在我的脑海当中，指引我找到了原因。我在妹妹家的餐桌上看到一封信，收信人是“罗莎小姐”。我感觉很惊讶，就问这究竟是谁。原来杜拉的原名叫罗莎，因为我妹妹也叫罗莎，所以她来工作的时候不得不换了一个名字。我非常同情地感叹:“太可怜了！居然连自己的名字都保不住！”现在回想起来，当时听到真相之后我沉默良久，想起人生的种种不幸，使得这一切轻而易举进入了我的意识之中。因此当要为一个不能保留自己真实名字的人取个名字的时候，“杜拉”这个名字就成了我脑海中的唯一。除此之外，还有更深层的内在原因，因为那位患者的病情就是由于家里的一位外人——一位女家庭教师——的影响而逐渐好转的。

这件小事在多年以后居然还产生了令人意想不到的影响。在一次课堂上，我谈到了这本出版已久的《少女杜拉的病例》，突然之间，我想起班上的两名女学生有一个名字就叫杜拉，而我刚才以各种不同的形式提起了杜拉这个名字。我赶紧向这位同学道歉，说我真的没有想到她也有个相同的名字，并告诉她我会换用另一个名字。

现在我面临着迅速选择另外一个名字的任务，无论如何我不能再选另一个女生的名字，以免被这些非常熟悉精神分析的学生们当作反面教材来嘲笑。因此当想起用“鄂娜”这个名字来代替杜拉的时候，我非常高兴。下课后，我自问究竟是怎么想到鄂娜这个名字的，当我发现自己在选择替代名字时所担心出现的问题还是出现了的时候，不觉莞尔，班上另外一名女生名叫卢瑟娜，而鄂娜就是卢瑟娜这个名字的后半部分。

我曾写信告诉一位朋友，我读完了《梦的解析》的校样，而且打算不再对它做任何修改了，“即使里面还有2467处错误”。转眼我就想，自己怎么想起写这个数字了呢？我立刻对此做了分析并将结果附在了信的末尾。我觉得最好还是原封不动地将分析结果呈现给大家：

“我又为《日常生活的心理分析》找到了一个好案例。信中2467这个数字属于玩笑，只是对《梦的解析》一书中错误总和的一个随便的估计。我的意思是：我只想说错误数量很多，没想到却写出了这个数字。但实际上这却绝非故意或毫无原因的。因此你完全可以设想，当意识想说出一个数字的时候，无意识会赶紧把这个数字给确定下来。我刚才在报纸上看到E.M.将军从军械检察长的职位上退休了。我对此人颇感兴趣，当我还是军医学校学生的时候，他已经是一位上校了，在我们医院对医生们说：‘必须在八天内把我的病治好，国王还有很多事情等着我去做呢。’

“当时我就决定要以他的职业生涯为榜样，而今天（1899年）他却走到了终点，以军械检察长的身份退休了。我想算出他走完这条路的时间，我在医院见到他的时候大约是在1882年，那么到现在已经17年了。我把这件事情告诉妻子，她说：‘那你也该退休了。’我大声抗议道：‘上帝不会答应的！’说完之后我就坐下来给你写信。但刚才的思绪却未中断，我发现自己算错数字了；我记得非常清楚，自己是在禁闭室中过的24岁生日（因为没有请假）。因此，我看见他的时候应该是在1880年，那么到现在应该是19年了。2467中的24就是这么来的！而我现在的年龄43与24相加恰好是67！也就是说我想在24年之后再退休。很明显，我对自己在效仿M上校期间没有做出多少成绩而颇感恼火，但是今天他已经走到了职业生涯的终点，这又使我颇有胜利的喜悦。所以我应当公正地说，2467尽管是我随手写出来的，却依然是由无意识决定的。”

自从第一次揭开随意数字之谜以后，我还在许多案例中都发现了相同的结果。但大多数案例涉及个人隐私，因此不便报告。

正因如此，我很愿意在这里引用维也纳的阿德勒医生所做的一段非常有趣的分析，关于一个“完全健康”人的“偶发数字”。他曾写信给我：“昨晚我正在全神贯注地阅读《日常生活的心理分析》，如果不是出现一个意外，可能已经全部读完了。我看到书中说似乎是随意出现在意识中的数字其实都有确定的含义，我决定检验一下这个说法。我想到了1734这个数字，随即便出现了下面的想法：

1734÷17=102，102÷17=6。然后我又把这个数字拆分成17 和 34。我现在的年龄刚好是 34 岁，我记得曾经告诉过你，我认为 34 岁已经是青春的末尾了，因此在过上一个生日的时候我十分伤感。从 17 岁那年年末开始，我的生活进入了一个丰富多彩，充满无穷乐趣的时期。因此，我把生命按照 17 年分成了几个时期。那么这几个除式表示什么意思呢？ 102 使我想起大学丛书的第 102 卷就是科特比的戏剧《仇恨与悔悟》。

“我目前的心理状态就是‘仇恨与悔悟’相互交织。大学丛书的第 6 卷（我记得这套书的大多数卷号）是穆勒的《过失》。我常常觉得是因为自己的过失才使得自己的能力没有得到充分的发挥，对此我常感遗憾。

“接着，我问自己：‘大学丛书的第 17 卷是什么呢？’想了半天却想不起。我确信自己以前记得很清楚，可能是因为我希望忘掉这个数字。想了半天却仍然毫无头绪。我想接着看书，却发现自己只是机械式地逐字读下去，根本看不进去，因为我的思想全被 17 这个数字占领了。我关了灯在黑暗中继续思索。终于我想起第 17 卷是莎士比亚的一部戏剧，但到底是哪一部呢？我想到了《海洛与利安得》。这明显是为了阻止我发现真相的一次愚蠢的尝试。最后我站起来去查阅大学丛书的目录，第17卷是《麦克白》！尽管在莎士比亚的戏剧中，我并不讨厌这出剧目，但让我惊讶的是，我居然从未看过它。我只能想到：谋杀者、麦克白小姐、女巫，‘美好即丑恶’，同时我还发现席勒版的《麦克白》也很好看。毋庸置疑，我也是希望忘掉这部剧的。然后我又用17去除17和34。结果是1和2。大学丛书的第1和第2卷是歌德的《浮士德》，以前我觉得自己和浮士德很像。”

他分析了这么半天还是没有让我们触及事件的核心，这不能不说是一个遗憾。阿德勒认为问题在于，他尽管分析了很多，却没有进行归纳整合。只有这些分析，能够为我们带来一把理解1734这个数字的钥匙，才值得进一步分析下去。

这人还说：“我今天早上的经历非常有力地说明了弗洛伊德观点的正确性。我妻子被我昨晚的起床声吵醒了，问我为什么大半夜爬起来去查大学丛书的目录。我把整个事情原原本本告诉了她。她觉得这完全是牵强附会，特别有意思的是，尽管我非常排斥《麦克白》，但她却觉得还行。她说自己在说某个数字的时候，心中根本没有什么想法。我说：‘我们试试吧！’她说了个数字——117。我立即分析说：17 就是我刚才告诉你的那个数字；另外，我昨天对你说，妻子 82 岁，而丈夫只有 35 岁，这种婚姻太荒唐了。前两天我还跟妻子开玩笑，说她是 82 岁的小老太太。而 82+35=117。”

这位男子对自己所说的数字苦思不得其解，却一下子就解释清楚了妻子随意说出来的数字。事实上，这位妻子非常清楚丈夫选择这些数字的原因，并按照相同的原因选择了自己的数字。因为他们俩所说的数字包含了相同的年龄数字。现在就很容易解释这位先生所说的数字了。正如阿德勒医生所说的，1734 这个数字代表了这位先生被抑制在无意识之中但已经非常成熟的愿望：“对像我这样一个 34 岁的男人来说，只有 17 岁的小姑娘才相配。”

大家千万别对这种“游戏”漠然置之。我还想多说一句，最近阿德勒医生告诉我，在这个案例分析发表一年之后，这位先生离婚了。①

阿德勒对强迫性数字的来源也做了类似解释，而且所谓“幸运数字”的选择并非与个体的生活完全没有关系，

---

① 关于《麦克白》的解释，阿德勒博士对我说，这个男子在 17 岁的时候加入了一个以弑君为宗旨的反动组织。这也许是他忘记了《麦克白》内容的原因。那时候，此人发明了一种成员间通信的密码。

也具有一定的心理意义。一位先生特别偏爱数字 17 和 19，稍作反省他便发现，17 岁的时候他进入大学，从此迈入了期待已久的学术殿堂；19 岁的时候，他第一次远游，而且此后不久他第一次在科学研究中获得重大发现。不过直到这两个数字在他的爱情生活中也具有重要意义的时候，他对这两个数字的偏好才最终确定了下来。

实际上，即使是那些我们经常使用的数字，以及那些明显是非常随意选取的数字，也可以通过分析发现某些料想不到的含义。例如，有一天，一位患者发现自己特别喜欢说这样一句话，“我已经和你说过 17 次了，36 次了”。他自问这其中到底是什么样的动机。很快他便想起，自己出生于 27 号，而弟弟出生在另一个月的 26 号。他便常抱怨命运不公，把属于自己的很多幸福都给了弟弟。因此他便通过把自己的生日减掉 10 天，而把弟弟的生日增加 10 天来表达对命运不公的抗议。等于说，虽然我是哥哥，但却被“斩短了”。

我还想对偶然数字多做一些分析，因为我知道要想证明这种组织十分有序，却不为意识所知的思维过程的存在，舍此例证别无他法。因此，我要报告一位患者对自己偶然数字的分析（已征得了他的同意）。我只想补充一点，他是家里最小的孩子，从小父亲就去世了。

有一天他很开心，脑子里面就闪现出了 426718 这个数字，他自问道：“为什么会想到这个数字呢？”首先想起的是他听到的一个笑话：“如果你让医生给你治鼻炎，可能需要 42 天才能痊愈，而不去管它的话，6 周也就好了。”这个笑话里面包含了这个数字的前四位数（42=6×7）。当他按照这种思路进行不下去的时候，我提醒他，他所选的这六个数字，从 1 到 8，但缺了 3 和 5。他马上继续了下去：

“我们家有 7 个孩子，我是最小的。排行第三的是我的 A 姐，排行第五的是我的 L 哥。他们俩是我的死对头。小时候我每天晚上祈求上帝能够把这两个让我痛苦万分的魔鬼带走。这几个数字的选择似乎实现了我小时候的愿望：把‘3’和‘5’，我的坏姐姐和坏哥哥，忽略掉了。

“如果这些数字代表了你们兄弟姐妹的排行，那么末尾的 18 又如何解释呢？因为你们一共只有 7 个人。

“我经常想，如果父亲还健在的话，那我就不会是最小的了。如果还有一个孩子的话，那我们就是 8 个，我就可以做哥哥了。”

至此，这个数字的含义被解释清楚了，但如果能够把前后两段解释衔接起来就更好了。从最后两个数字的含义（如果父亲可以活的更久一些）出发可能比较容易。42=6×7 表示的是对那些不能治好父亲疾病的医生的嘲讽，同时也表达了希望父亲多活几年的愿望。整个数字的确表现了他小时候与家庭有关的两个愿望，让坏哥哥和坏姐姐死掉，再添一个小弟弟或小妹妹。简而言之就是：如果让这两个家伙死掉，而让父亲活着多好啊！

从琼斯那里我还听到过另一个对数字的分析事例。一位他熟悉的先生想起了 986 这个数字，但他不相信这个数字在他心里有什么特殊的含义。“他清楚地记得，六年前一个天气特别炎热的日子，他在晚报上看到一则笑话，说气温已经是华氏 986°，这显然是对华氏 98.6°的夸张。”但当时我们正坐在一个大火炉旁边，他怎么会想起这个笑话呢？他说的也许是对的，是因为火炉太热才刺激了他沉睡多年的记忆。但我想知道的是，他为什么把这个笑话记得这么清楚呢，而且一下子就能想起来，因为对大多数人来说，除非觉得它与其他某种重要的心理过程有关，一般对这种笑话是不会往心里去的。

“他告诉我，看到这则笑话的时候曾狂笑不止，而且后来还多次回想起这个笑话。这个笑话明显非常无聊，却引起他那么大的反应，更加增强了我探寻其背后秘密的兴趣。

接下来他想到的是一个一般性的观点，即热的概念给他留下了深刻的印象：热是宇宙中最重要的东西，是生命之源等等。他这么平凡的一个青年却有着如此不同寻常的见解，的确需要一些理由，因此我让他继续自由联想。接着他想到的是一个工厂的大烟囱，他可以从自己卧室的窗口看见它。他晚上常常站在窗前看着火光和烟雾从烟囱中冒出来，对这种浪费能源的行为感慨万千。热、火、生命的源泉、重要能源的浪费都从一个直立的管子中冒了出来；热与火在无意识当中已经与爱紧密地联结在了一起，要把这种联结分开是很困难的，这种现象在象征性思维中是很常见的，这种联结象征性代表了手淫情结，对这一结论，他立刻予以了确认。”

如果有人想深入了解数字材料在无意识思想中的结合方法，可以参考荣格和琼斯的论文。

按照我自己分析这类事件的经验，有两点特别重要。第一，完全像梦游一样。无意识中的思想以数字符号的形式迅速进入意识当中，速度之快使得你感觉的确只是偶然，这一过程的精确与快速与梦游相似。第二，这些数字处在无意识的控制之下，对我这种数学不好的人来说，有意识地记住一些年代、门牌号码和喜欢的东西是很困难的。而且，在对这些数字的无意识操控中，我发现一种迷信的倾向，但对其来源我还说不清楚。

不仅仅是数字，就连心理活动中出现的不同词语也被证明是决定好的，对此我一点也不感到惊讶。

布里尔说："在我将这本书翻译成英文版的时候，有一天早晨我的头脑全部充斥的都是一个生词'Cardillac'。由于工作很繁忙，起先我并不想去理会它，但是就像在其他案例中看到的一样，我没有办法静下心来工作。'Cardillac'这个词一直萦绕在我的脑海之中。在认识到自己不愿意理会它仅仅只是一种阻抗作用之后，我决定对它进行深入地分析。我马上便想到下面这些词：Cardillac、cardiac、carrefour、Cadillac。

"Cardiac让我想起了cardalgia（痛心）这个词，有位朋友最近对我说他担心自己患了某种心脏病，因为他的心脏老有痛感。他是把我当作知己才对我说这番话的，因为我们很熟，所以我马上对他的话进行了反驳，告诉他，这些感觉以及轻微的生理症状都只不过是神经过敏而已。

"还有一件事，他在说他的心脏问题之前，还对我说以前的一笔生意亏了很多钱。因为他心气颇高，所以连续几次亏损之后，心情非常不好。因此，神经症比几个月之前严重了很多。不久，他的父亲去世了，留下了很大一批产业等着他去继续经营，我的这位朋友不知道该怎么办？是去继承父亲的事业呢？还是继续自己所选择的事业？他一直梦想成为一名出色的医生，尽管这些年他做得很不错，但对自己的收入却并不满意。而他父亲留下的产业，只要他好好经营，一定能够获得非常丰厚的回报。所以他现在是‘站在十字路口，不知何去何从。’

“接着我想起了‘carrefour’这个词，在法语中的意思是‘十字路口’，而且还使我想起了在巴黎一家医院工作的时候，我就住在拉扎鲁街口附近。我终于明白了所有这些联想之间的关系。

“我之所以决定离开那家医院，首先，因为我想结婚；其次是我想自己干。但是这又产生了一个新问题。无论是从晋升的速度，还是其他方面来看，我在这家公立医院都干得非常不错，而且如果自己干，也会和其他自己干的人一样，面临很多的问题，不知道自己能否应付得过来。对于一个一无资金，二无社会关系的人来说，要开一个自己的心理诊所，这个想法着实过于大胆了。另外，我对时下流行的家庭治疗也没有太多的信心，所以将来我对病人能做的也许就是给他们转院。尽管这些年来心理治疗取得了很大的进展，但心理医生对许多心理疾病仍然束手无策。特别是很多心理疾病患者只有在病情非常严重的时候才来求医，而此时即使是大医院的医生也已经无能为力。对于私人诊所的心理医生而言，他们所能治疗的患者大多只是有一些轻微的心理困扰。由于这些患者很少来公立的大医院就诊，所以虽然我在大医院工作多年，实际上对这种患者见的很少，经验非常有限。而以我在神经衰弱症以及精神衰弱症方面的经验，要开办一个诊所还远远不够。

“我正是怀着这样的心态才来到巴黎，希望能够学习更多有关心因性神经症症的知识，为以后开办自己的诊所做些准备，也进一步提高自己的医疗水平。然而在巴黎的所见所闻并没有改变我原来的心态。医生所关注的仍然主要是生理上的问题，对于患者的心理问题往往很少关注。我想了很久，是否要放弃做一个心理医生。此时我正处在一个人生的十字路口，不知该何去何从。幸好事情很快就出现了转机。有一天，我收到了我的朋友皮特逊教授的来信，当年就是他介绍我去那家公立医院工作的，他在信中阻止我改行，建议我去苏黎世精神病所，他觉得那里可能更适合我。

“但 Cadillac 又是什么意思呢？Cadillac 既是一个酒店

的名字，也是一个汽车品牌。几天前，我和一位医生朋友想在农村雇辆车，却没有雇到。我们俩就感叹说要是有辆自己的车就好了，实际上这个愿望由来已久了。我对拉扎鲁街口一直印象深刻，它是巴黎最繁忙的路口之一。车辆整天川流不息。Cadillac 又让我想起，几天前在上班的路上我看到一幢大厦上挂着一个巨大的广告牌‘Cadillac 入驻本大厦’。起先我想到的是 Cadillac 酒店要入驻，后来我发现原来是 Cadillac 汽车公司。这时思路突然被卡在了这里。过了一会 Cadillac 这个词又重新出现在我的脑海之中，而且根据它的读音又让我想起了‘catalogue’这个词。而这个词又让我想起了最近一次屈辱的经历，使我的积极性又一次严重受挫。

“如果一个人想把自我分析的结果报告出来，那就必须做好暴露自己隐私的心理准备。读过弗洛伊德教授著作的人对他和他的家庭都会非常熟悉。常有号称自己读过弗洛伊德著作的人问我：‘弗洛伊德多大年纪了？’‘弗洛伊德结婚了吗？’‘他有几个孩子？’等等。一听到这个问题，我就知道他们要么是在撒谎，要么就是读书太过粗心了。因为在弗洛伊德的作品中对这所有的问题都做过回答。自我分析是最真实的自传；因为自传的作者往往会有意无意地隐藏自己生活中的某些事件，而在进行自我分析的时候，人们不仅会自觉地说出事实的真相，还会努力去发掘自己的内隐人格特点。正是因为如此，人们在报告自我分析结果的时候往往会感觉很不舒服。但既然我们经常将患者的无意识报告出来，那么公平起见，把我们自己的无意识报告给大家也是很自然了。所以请大家原谅我这么唠唠叨叨地说自己的一些隐私。

“前面提到 Cadillac 这个词，而且根据它的读音又让我想起了‘catalogue’这个词。这个联想使我想起了我生活中另一个重要事件，这件事也与皮特逊有关。去年五月，我所在的医院的秘书通知我，我被任命为精神科的主任。对此殊荣我兴奋异常，一方面是我多年梦寐以求的抱负得以实现；另一方面觉得这是对我多年来忍受那些对我作品吹毛求疵式批评的补偿。因此，我特地去拜访医院的速记员，请她纠正我的名字，不要再在目录当中印错了。这位小姑娘可能是因为某种原因（也许是种族的问题）不喜欢我，三年以来，尽管我多次请求她注意，她每次都答应得好好的，却还老把我的名字弄错，根本没有往心里去。

“去年五月见到她的时候，我又提醒她千万别再弄错了，我现在是精神科的主任了，特别希望不要再在目录当中印错我的名字。她连连道歉，说自己工作疏忽了，并说下次肯定不会再印错了。当我收到新出版的目录时，看到自己的名字虽然被写对了，却没有写我是精神科的主任，你能想象我当时有多么的惊讶和气愤吗？当我去质问她的时候，她却一脸的困惑，说她根本不知道我已经被任命为精神科的主任了。她查了一下医院的会议记录，才相信我说的是真的，实际上这个会议记录就是她做的。而且作为医院的记录员，医院里的事情她没有不知道的[①]。当她弄明白之后，又连连道歉，说马上将我的任命通知院办，而此事她本该在几个月之前就做的。她的悔恨与道歉对我有什么用呢？这个目录已经出版了，读者也不会看到我的职务，我成了一个有实无名的主任，而且这个主任的任期只有一年，我的伟大抱负也许永远得不到实现了。

"因此，cardillac 这个无意义词可能是 cardiac、cadillac 及 catalogue 三个词的结合，包含了我行医生涯中的几个重大事件。在分析即将结束的时候，我突然想起自己曾做过的一个梦，在这个梦里也曾出现过 cardillac 这个无意义词，而且在这个梦里我的抱负得到了实现。我的名

---

① 这又是一个精彩的例子，解释意识动机如何在抵抗无意识阻碍方面的无力。

字在目录中已经得到了修改，而把这个目录拿给我看的正是皮特逊教授。当我从大学毕业，第一次站在人生的十字路口时，皮特逊教授力劝我进入了那家公立医院。五年以后当我再次站在我前面提到的人生十字路口时，又是皮特逊教授建议我去苏黎世精神病所，在这里我通过布鲁勒和荣格第一次知道了弗洛伊德教授和他的作品，也借助于皮特逊教授的热情赞誉使我获得了目前的职位。”

非常感谢希茨曼教授给我提供另一个病例，在这个病例中，一行诗句反复出现在患者的脑海之中，而患者却不知为何会冒出这行诗句。

E 博士说：“六年前我从比亚利茨去圣塞巴斯蒂安。火车要穿过法西边界的毕达索河。桥两边景色壮丽，一边是宽广的山谷，一边是无边的海洋。万物充满光影，夏日阳光明媚，景色美丽绝伦。我要去西班牙度假，因此看到此情此景心情十分愉快。脑海中突然闪现出这样一句话：‘但灵魂已经自由，漂浮于光海之中。’

“与此同时，我尽力回忆这句诗出自何处，但怎么也想不起来；从格律上来看，这肯定是某首诗的一部分，但无论如何却想不起来。后来当这句诗反复在我的脑海中出现的时候，我问了很多人，但他们都没有听说过这句诗。

“去年在我结束西班牙之旅回程中再次路过这座桥，当时夜色漆黑，大雨滂沱。我透过窗户想看看火车是否已经到了边境站，却发现我们还在毕达索桥上。而这个诗句又立即闪现出来，而我依然搞不清它是从何而来。

“几个月之后我在家里看到了乌兰德的诗集。一打开便看到了这句诗：‘但灵魂已经自由，漂浮于光海之中’，是一首名叫《朝圣者》诗的最后两句。读着这首诗，我隐约想起好像很多年前曾读过这首诗。诗中场景就在西班牙，这似乎是这首诗与我这次西班牙之旅的唯一联系。对此我喜忧参半，机械地继续往后面翻，就在这一页的另一面上，我发现了一首名叫《毕达索桥》的诗。

“我觉得这首诗与前面一首诗相比，内容有些奇怪，下面是这首诗的第一句：

“‘那位年长的圣人站在毕达索桥上，向右，他为西班牙的高山祝福，向左，他为法兰西大地祈祷’。”

Ⅱ. 对表面上看似随意选择的名字、数字和词语的理解也许有助于对另一个问题的理解。正如大家所知道的，许多人因为坚信存在自由意志，所以会反对这种心理决定论的假设。但是这种坚信与决定论的思想并不冲突，与所有的正常感觉一样，都必须通过某种东西来证明。但据我观察，这种感觉在重大决策中并没有体现出来。在这种情况下，个体心中总有太多的冲动，并愿意随之而行。（正如路德所说：“我站在这里，不想做任何别的事。”）

另一方面，只有在那些琐碎和无关紧要的决策中，个体才会觉得自己其实也可以做不同的选择，可以按照自己的自由意志随意而行，在做事的时候也可以没有什么动机。根据我们的分析，并不需要去驳斥这种相信自由意志的信念。如果我们将意识和无意识区分开来，就会发现意识层面的动机并不能完全解释我们的所有行为。不能用意识层面动机解释的行为可以从另一个层面，即从无意识层面来解释其动机，这样一来决定论就存在于整个精神领域了。①

Ⅲ. 上面我们提到的这些行为，其动机在意识层面是无法找到的，但依然可以发现它们存在的心理依据；而且我们可以通过对无意识更为深入地探索来找到这些心理依据。

---

① 看似随意的行为都有着明确的原因，这样的思路已经让心理学收获颇丰。它也许会对法律的量刑工作有帮助。荣格和布罗拉发明了“联想实验”，让被试针对给出的某个词自由联想，同时记录下他的反应时间。根据荣格在1906年的报告，已经确定了很多有效的试验用词，这个实验积累了许多宝贵的资料。三位犯罪学家由此发展出了测谎技术，现在已经为心理学家和法律工作者广泛使用。

事实上，在与无意识以及因此而替代这些动机的知识相对应的两个领域中，所有的现象都可以得以证实。

（1）偏执狂患者的行为，最明显且最为大家公认的特征就是，将别人看起来鸡毛蒜皮的小事看得无比重要。他们往往对他人所忽略的一些细节加以解释利用，从而得出风马牛不相关的结论。例如，我最近看过的一位偏执狂患者就认为，他周围的人都达成了某种默契，因为他发现当他走出火车站的时候，他们都用一只手做一种相似的动作，而且他还发现人们在大街上走路的方式、挥动手杖的方式都非常相似，似乎是商量好的。①

正常人一般都把毫无动机的偶然行为看作是正常心理活动的一部分，是一种错误行为，而偏执狂患者却总是尽可能去找出这些行为的心理意义。他们觉得别人的所有行为都是有意义的，都是可以解释的。他们怎么会有这样的想法呢？这可能是因为他们总是把自己的无意识活动投射到他人的心理生活中去。对正常人来说，只有通过心理分析才能证实其存在于无意识中的许多事件，实际上却早已

---

① 从本思路的其他点延伸出去，病人的小事和偶然被重新解释为“引用错觉”。

出现在偏执狂患者的意识之中。① 从某种意义上来讲，偏执狂患者是正确的，他们知觉到了正常人无法知觉到的东西，他们比正常人看得更加清楚，但由于他们把知觉到的自己的心理状态强加在了别人的身上，因此他们的这种知觉就变得毫无价值了。我并不是说偏执狂患者的每一个解释都可以得到证实。而是说如果我们也认可偶发行为都有意义，这将必然促进我们去理解为什么偏执狂患者会如此坚定地坚持他们对行为的解释。实际上这其中存在着合理的成分，我们有时所做的错误判断，虽说不是由某种心理疾病引起的，但是固执己见的做法却与偏执狂患者没有两样。这种固执己见可能是因为思路错误，也可能是因为起初的来源错误，我们会在后面进一步探讨。

（2）迷信是另一暗示偶然行为和错误行为存在无意识动机的现象。我想通过对一次简单经历的探讨来说明我的观点，这次经历使我开始注意到这一问题。

度假回来以后，我立即投入到对患者的治疗。我首先去拜访的是一位老太太，她年纪已经很大（前面提到过

---

① 举个例子，经过分析，歇斯底里症患者关于性和暴力的无意识狂想，与迫害妄想症的幻象完全一致。性错乱者也用类似的办法掩饰其欲望满足。

她），多年以来我每天去看她两次，由于每次都为她做一些相同的治疗，所以非常单调无聊。在去给她看病的路上以及治疗过程中，无意识中的思想便不断寻求表达的机会。她已经 90 多岁了，因此在每个新年来临的时候，便很自然地问她自己还能活多久呢？

一天，我匆匆忙忙地雇了辆车赶往她家。在我家周围的车夫都知道那个老太太的家，因为以前我经常雇他们去。但今天这位车夫在路过她家的时候却没有停下来，而是一直跑到了附近一条街上，在相同的门牌号前停了下来，房子的外观比较相似。发现之后，我责备了车夫几句，他也连连道歉。

车子路过老太太家不停却到了另外一个地方，这是否有什么深意呢？我当然没有想那么多，但如果我比较迷信的话，我可能会把这件事看作是一种征兆，预示着这个老太太将不久于人世了。历史上的许多所谓的征兆，实际上也就是这样一种象征罢了。当然我只把这个事件看作是一次意外，并不认为它有更深的含义。

如果我当时是步行过去的，因为一路上“陷于深思”或“心不在焉”而走错地方，那情况就完全不同了。就不能把它解释为一个意外，而是应该看作需要进行解释的具有无意识意图的行为。这次“走错地方”的行为可能会被解释为，我希望这位老太太折寿。

因此，我和迷信的人有下列的不同：

我不相信与我的心理活动毫无关系的事件能够为我指明未来，但我相信我心理活动中所表达的无意识思想一定包含了某种只属于我心理世界的东西。也就是说，我相信外在事件的偶然性（现实），但不相信内在现象的意外性（心理）。而迷信的人恰恰相反：他们对自己的偶然行为和错误行为的动机一无所知，却相信心理活动存在偶然性。而且迷信的人倾向于认为外显的偶然事件具有重要的深意，而且把这种深意看作是表达了某种天机。我与迷信的人有两点差异：第一，他们将动机投射到外部，而我则从自身寻找事件发生的动机。第二，迷信的人把偶然解释为单个事件，而我则从思想的层面解释偶然行为。迷信的人所认为的隐藏在事件背后的天机实际上与我所说的无意识是对应的。而且我们决不把偶然行为仅仅看作是一种偶然，而是把它也看作一种正常的事件去努力加以解释。因此我认为，对于偶然事件发生动机的意识上的无知和无意识中的洞见，是迷信的来源之一。由于迷信的人对自己偶然行为的动机一无所知，再加上这种动机又强烈渴望被人所知，所以迷信的人不得不通过置换的方式将其显露在外部世界当中。如果这种联系存在的话，那么就不可能仅限于偶然行为这一领域之中。我相信，现代宗教中的大量神话观念都是投射在外的人们的心理。人们对无意识的各种心理因素及其相互关系的模糊认识（或者说是内在心理知觉）被看作是先验现实建构过程中的一种模型，而这种模型注定要在科学的引导下变为无意识心理学。

除了偏执狂，这种观点很难用其他术语表述。当我们用这种方式大胆地解释伊甸园、人的堕落、神、善与恶以及不朽等类似的现象时，实际上是把形而上学转化为心理玄学。从这些方面看，偏执狂患者的替代现象与常人的迷信之间的差距，似乎并不像我们刚开始想象的那么大。当人类开始有思想的时候，他们明显只能用自己想象的人格特质以神、人同形同性论的观点来解释外部世界；因此，他们用迷信方式解释的偶然事件也是人们的行为和表现方式。在这种意义上，他们的行为与偏执狂的行为非常相似，从他人所给的无关紧要的迹象中得出结论；又好像与所有正常人的行为一样，根据周围人无意识的行为来估计他们的性格特征。实际上只有在现代哲学中，迷信才显得不合时宜，而在前科学时代，迷信是完全合情合理的。

因此，当罗马人看到预示凶兆的一群鸟而最终放弃一项重大任务时，这无疑是正确的，因为他们的行为与原则是一致的。但如果某人是因为过门槛的时候绊了一下，而决定放弃某一计划的话，那他就绝对比我们这些相信征兆的人高出一筹了，他比我们这些孜孜不倦探究心理学的人更像是一位优秀的心理学家。因为这一绊可能会让他相信自己内心存有疑虑，而这种内在的逆向力量会削弱他在完成计划的过程中意志力。因为只有将全部的心理力量投入到目标的追逐中才能确保完美的胜利。还记得席勒笔下的泰尔吗？他犹豫良久才用箭射向自己儿子脑袋上的苹果，在回答执刑官为什么要拿两只箭的问题时，他说："如果我射中了我儿子，那我就用第二支箭射穿你，我相信，我一定会箭不虚发。"

Ⅳ. 如果一个人有机会通过心理分析的方法来探究隐藏在内心的思想情感，那么他也会说出一些有关无意识动机的新东西，这些无意识动机会在迷信中得以表达。神经症患者常常遭受强迫性思维和心理状态的折磨，这些人大多智力超群，往往很明白迷信来源于被压抑的敌意和残忍的冲动。迷信很大程度上源于对即将到来的灾祸的恐惧，如果一个人希望灾祸降临在他人的身上，但由于从小所受的教育，却不得不把这些希望压抑在无意识当中，那他便很容易陷入恐惧之中，担心无意识中的灾祸会在某一天以某种形式来惩罚自己。

必须承认，我们无法只用这些介绍就把迷信心理学完全说清楚，但至少有一个问题我们不得不谈：是否应该完全否认迷信有什么现实的根源，是否肯定不存在征兆、预言式梦、心灵感应、超自然力量的显现等类似的现象。

许多杰出人物曾对这些现象做过仔细的观察，对此我并不想断然否定，这完全可以留待以后做进一步研究。我只是希望可以把对这些现象的观察纳入我们的无意识过程中来，而且不会使我们现有的理论体系发生根本的动摇。如果还有别的现象，例如巫术，也得到了证实，那么我们就应该根据新的研究结果修改我们的“定律”，以免我们对世界的认识发生混乱。

在这方面的分析中，我的回答都是比较主观的，大多源自我的个人经验。很抱歉，我不得不承认自己属于那种毫无价值的人，神灵和迷信不屑于在我面前出现，因此我从来没有亲身体验过任何超自然力量。和其他大多数人一样，我也曾有过预感，也经历过不幸；但这两者似乎在相互躲避，常常是预感之后什么也没有发生，而不幸却常常不期而至。年轻的时候我独自一人在一个陌生的城市里生活，我常常听到一个明白无误、充满爱意的声音在呼唤我的名字，我会马上记下幻觉出现的时间，以便弄明白当时家里到底发生了什么事。结果什么也没有发生。而后来有一次我非常平静地在为患者治病的时候，我的一个孩子却正濒临死亡，当时却一点征兆也没有。当然，对患者所说的那些征兆我也从来没有当过真。

认为梦是一种预言的思想拥有不少信徒，因为这种思想得到了一些事实的支持，人们发现梦里所表达的愿望后来真的实现了。但实际上没有实现的梦还是大多数，只是做梦的人不愿意看到这一点罢了。

一位非常聪明坦诚的患者告诉过我一个非常好的预言性梦的病例。她说她曾梦见在某个街道的某家商店门前遇到了以前的一位朋友，也是她原来的家庭医生。而第二天早上她确实就在梦到的那个地方见到了这位朋友。我注意到后来的事情并没有证明这一神奇的巧合具有多么重大的意义，也就是说，这一预言实际上并不需要将来发生的事件来验证。

仔细考察之后发现，在做梦的第二天早上，也就是在见到那位朋友之前，这位女士根本就不记得她做过这个梦。

她并不反对我在叙述这件事的时候将其神秘色彩去掉，只留下一些有趣的心理问题。当她早晨走过那条街的时候，正好在一家店门口碰到了她原来的这位家庭医生，看到他以后，她便相信自己在前一天晚上梦见自己曾在这个地方见过他。

接着要分析的是她是如何产生自己曾做过这样一个梦的感觉，按照一般的原则，我们并不能完全否认她的这种感觉是错误的。在一个确定的地点与期待中的人会面这似乎是一种约会。这位原家庭医生让她想起了过去的时光，当时她与这位医生的一位朋友相识，多年以来依然记忆深刻。而且这些年来她与这位男士一直交往不断，就在做这个梦的前一天她还白白等了他大半天。如果能够把所有的细节都告诉大家的话，我就能非常容易地解释清楚这个遇见以前老朋友的梦到底预言了什么：“啊，医生，你让我想起了过去的时光，那时他从来不会爽约。”

我自己有一个简单易释的例子，可以作为这类我们常见的“不可思议的巧合”的一个范例。在我刚被评上教授职称（即使在君主政体的国家，教授也是倍受尊重的）的一天，我正在市内一条马路上行走，突然很想报复一下一对夫妇，当然，这种想法非常幼稚可笑。几个月之前，这对夫妇让我去为他们饱受强迫症之苦的小女儿治病，她的强迫症是在一次梦之后出现的。我对这个病例非常感兴趣，自认为已经找到了病因所在，但她的父母对我的治疗方法很不满意，最后去求助一位使用催眠疗法的外国权威。当时我就想，等他们治不好的时候，就又会转过头来求助于我，而且会对我完全的信任。到那时我就会说："现在我是教授了，你们才信任我。但实际上，教授这个头衔并没有提高我的能力；既然当我是个讲师的时候，你们不信任我，那当我是教授的时候，你们照样可以不信任我。"我的思绪突然被大声的"晚上好，教授！"给打断了，而站在我面前打招呼的就是我想要报复的那对夫妇。

但仔细想想，这也许并不是奇迹。我所走的这条路非常笔直，而且几乎没有什么行人，随便一瞥就可以看到20步开外，我早就清清楚楚地看到他们正迎面走来，但在"内心不情愿认识他们"的强烈情绪动机作用下，这种知觉被搁置在了一边。然后便出现了似乎是自然产生的幻觉。

布里尔曾说过一个类似的例子，也在一定程度上阐明了心灵感应现象的本质。

"星期天晚上我们照例在纽约的一家比较大的餐厅吃饭，当大家聊的正起劲的时候，我突然停下来跟妻子说了一句完全不相干的话：‘不知道R医生在匹茨堡工作怎么样。’她十分惊讶地看着我说：‘啊？我刚才正在想这个事呢！是你传染的我，还是我传染的你呢？’不得不说，当时我真的不知如何回答。我们当晚所谈论的话题与R医生毫不相关，而且就我所能想起来的，最近一段时间我们从来没有听说过他的消息，也从来没有说起过他。尽管作为一名怀疑论者，我不愿意承认这其中存在什么神秘的力量，但内心确实有点拿不准。坦率地说，我感觉很困惑。

“但我们的困惑并没有维持多久，因为我们非常惊讶地发现R医生居然就在衣帽间那边。虽然仔细观察之后发现我们弄错了，但那个人和R医生实在是太像了。从衣帽间所处的位置来看，这个人刚才肯定是从我们桌子旁边走过去的。因为我们谈兴正浓，所以根本没有意识到，但他的视像，的确激起了我们对他的替身R医生的思念。因此我和妻子体验到相同的思想便是很自然的了。由于我们的这位朋友临走时说他要去匹茨堡开私人诊所，因为大家深知万事开头难，所以就很自然地想知道他运气可好。

“一个超自然现象让我们用如此正常的依据做出了解释，但如果我们没有在那个人离开饭馆之前看到他，要解释这件颇有些神秘的事情就几乎不可能了。我们可以大胆地说，所有复杂的心灵感应现象其机制不过如此而已，至少我们所研究过的病例都是如此。”

奥托·兰克曾报告过另一个“预感”的病例：

“不久之前我曾经历一次‘奇遇’。圣诞节前夕，我去奥匈银行打算换一些面值为10克朗的圣诞银币。当我踏上通往银行的那条窄路的时候，突然头脑里想的全都是我微薄的积蓄和银行里面成堆的钱款。看到银行门口车水马龙、人来人往。我想：‘我换这么点钱，对他们来说肯定非常简单迅速，我只要把填好的单子交给他们，跟他们说，“请给我换点金币。”’就可以了。我马上从幻想中惊醒，发现自己弄错了，我要换的是银币，而不是金币。

“就在距离入口只有几步远的地方，我看到一位年轻人朝我走来，这个人我好像认识，但由于我眼睛近视所以无法确定。当他走到跟前的时候，我发现他原来是我弟弟的一位同学，他的名字叫‘金’，他的哥哥是一位非常著名的记者，在我刚刚踏上文学之路的时候，非常渴望能够得到他的提携。但这个愿望一直未能实现，在去银行的路上我就在想，如果我能够得到他的帮助，也许就不会像现在这么穷困了。因此，当我正梦想着有巨大财富的时候，我的无意识肯定已经注意到了这位曾经在我的意识中有深刻印象的金先生正在向我走过来，才使得我向银行柜员说要换金币而不是价格低廉的银币。但是，另一方面，这种无意识能在眼睛看到之前知觉到某个东西的荒谬事实，一定程度上可以通过布鲁勒所提出的情结准备（complex readiness）这个概念来解释。因为我满脑子里想的都是金钱，所以从一开始它便指引着我走到了这栋只能兑换金币的大厦。”

还有，我们在某个特定的时刻和情境中所知觉到的某些奇妙或离奇的感觉，会感觉自己似乎以前确实有过类似的经历，却怎么也想不起来。我知道自己对这种情境中的刺激表述得非常不专业，但不管怎么说这也是一种判断，一种认知判断；这些事例肯定有自己的独特之处，而且我们还必须明白，实际上我们永远也想不起所要寻找的那种感觉。

我不知道这种“记忆错觉”现象是否被堂而皇之地当作个体具有前世灵魂的证据；但能够肯定的是心理学家对此非常感兴趣，并且已经在用各种方法尝试来解开此谜。但在我看来，这些探索性的解释都只考虑了该现象的表现形式及产生条件，因此似乎都不正确。根据我的观察，直到今天，心理学家们都忽视了对解释‘记忆错觉’现象至关重要的一个心理过程，即无意识幻想。

我认为，把这种以前曾经历过某事的感觉称为错觉是错误的。恰恰相反，在产生这种感觉的那一刹那，我们的确是触碰到了以前的体验，只不过因为他从来没有出现在意识当中，所以我们后来无法回忆起来而已。一句话，这种‘记忆错觉’对应的是无意识幻想的记忆。这种无意识幻想（白如梦）与我们每一个人所体验过的意识中的幻想是一样的。

我知道这个现象非常值得研究，但在这里我们只能对一个这样的例子进行分析，在这个例子中，这种感觉非常强烈也非常持久。一位 37 岁的女士说她非常清晰地记得自己 12 岁半时去乡下看望几位同学的情景，当她踏入那个院子时，立即感觉自己以前曾经来过这里。而且在穿过房间的时候，这种感觉再次涌上心头，她甚至觉得自己都知道旁边那个屋子有多大，从它的窗户中可以看到外面的什么东西等等。她原想是不是自己在很小的时候确实来过这里，所以才有了这种‘似曾相识’的感觉，但她的父母都说没有。她并未从心理学角度对此做更深入的解释，而是觉得这些同学可能与她有着很深的缘分。但在听了她对当时情境的描述之后，我们却产生了另外一种看法。

在打算去看这些女孩之前，她就得知她们唯一的一个弟弟，病情非常严重。而且后来她也看到了这个男孩，情况确实很糟糕，她觉得他可能要不久于人世了。而且碰巧的是，她自己唯一的一个弟弟也在几个月之前患上了非常严重的恶性白喉，因为担心感染，在弟弟生病期间，她被寄养在离她家很远的一个亲戚家中好几个月。她认为弟弟这次是和她一起来乡下玩的，而且这是他大病初愈后第一次出远门；她对此记得并不是很清楚，但对于其他的细节，特别是她那天穿得什么衣服却记得非常清楚。

通过这些暗示，即使是心理分析的初学者可能也能得出这样的结论：她当时的心理很大程度上是期望自己的弟弟死掉，这种期望从未出现在意识层面或者在她弟弟康复之后，这种愿望被压抑得更深了。否则的话，她当时就应该穿着另外一件衣服——丧服。在朋友家中她看到了类似的情境：她们唯一的弟弟正面临早夭的危险，不久他果真死了。她肯定是想起了几个月之前自己也曾面临着同样的情境，但不同的是，由于无意识的抑制作用，她的期望被转移到了对位置、院落以及屋子的记忆，成了一种‘伪侦查’，从而产生了一种似曾相识的感觉。

从无意识所表达的思想来看，她以前希望弟弟死掉的愿望与希望自己成为家里唯一的孩子的幻想其性质非常的相似。从她后来所患的神经症来看，她十分害怕失去自己的父母，这表露了相同的无意识思想。

对自己的“记忆错觉”现象，我也采取了探究当时情绪状况的方式进行分析，即“这又是一个发觉自己某个时刻所产生的幻想（无意识或不自知的）好机会，这个幻想的产生是由改善自己处境的愿望促成的”①。

Ⅴ. 最近我曾向一位颇富哲学思维的同事列举了一大堆对名字遗忘的分析实例，他赶紧说：“这些都很不错，但与我遗忘名字的情形不一样。”很明显，人们不能这么简单地加以反对。我相信我的这位同事以前根本就没有考虑过对名字遗忘的分析，他也不可能说出到底有什么不同。但他的这种说法可能反映了许多人都十分关注的一个问题。我们前面所提到的对这些错误行为和偶发行为的解释究竟是具有普适性呢？或者只是在某种特殊的情境下才适用呢？

---

① 到现在为止，只有菲廉科齐医生赞成我对 déjà vu 的解释。他对本书的第三版贡献良多。他在信里说：“从自己和别人的经验里可以推导出，我们经常会无意识地回想起一种真实场景，这种神秘的熟悉感可以认定为来自已有的无意识幻想。我的一个病人与你的病人完全不同，但实质很相似。他的熟悉感终究与前天夜里的梦被遗忘（压抑）的部分相当。由此可见，déjà vu 可以来自白日梦，也可以来真实的梦。”

如果只适用于特殊的情境，那又是什么样的情境呢？

虽然我的经验还远远不足以回答这个问题，但可以肯定的一点是，这些因果关系是普遍存在的，绝不少见，因为在对我自己和患者进行分析的时候经常会发现这种关系的存在，和前面所提到的例子所证实的完全一样。但在你分析症状性行为的意义时，不可能每一次都很成功地找出其隐藏的潜在意义，对此你也不必感到惊讶，因为内在的阻抗是决定能否找出潜在意义的关键因素。同样，医生也不可能解释自己和患者的每一个梦。为了证明这个理论的效度，只需要揭示部分隐藏的关联就足够了。如果把一个在第二天很难解释的梦搁置一周或一个月，当心理力量的斗争缓和了，行为发生时的情境发生了变化，其内在潜藏的真实含义就出现了。同样，错误行为和症状性行为也是如此。因此，当你的分析遇到阻碍的时候，不能武断地认为它可能是由另外一种机制造成的。要证明确实是由另一种心理机制造成的，不能仅从这样一个反面的证据来确定。对于大多数人都存在的错误行为和症状性行为的其他解释是没有道理的。这些解释很明显也是产生行为背后潜义的心理力量的一种表达，确保行为的潜在意义不被解释和说明。

另一方面，我们不应该忽略这样一个事实：被压抑的思想和情感在症状性行为和错误行为中并不是独自表达的。从技术上讲必须具有神经系统的支持，在此基础上才能使压抑的思想和情感进入意识层面。哲学家和语言学家通过详细地观察对语言错误行为所做的研究，就是要证明这些结构与功能之间的关系。如果我们把错误行为和症状性行为的决定因素区分为无意识动机以及生理和心理物理因素的共同作用，那就会出现一个问题：在正常的范围内，是否还存在其他的决定因素，像无意识动机一样沿着这些结构与功能之间的关系产生错误行为和症状性行呢？这个已经不是我要回答的问题了。

Ⅵ.从探讨语误开始，我们就一直想要证实错误行为存在着潜藏的动机，而且我们也通过精神分析了解了这些动机。但到目前为止，对于引导这些错误行为表达出来的心理因素的本质和特性却一直没有进行探讨。我们一直还没有对这些心理因素进行非常准确的界定，也不知道它们是否遵循着某种内在的规律。我们现在还不可能对这个问题做出非常全面地阐述，因此，换个角度来说可能会更容易一些。下面我们依次列出一些问题：（1）在错误行为和偶发行为里所表现的思想和情感，其内涵和根源是什么？

（2）是什么条件迫使这些思想或情感利用这些偶然性的事件来表达自己？（3）错误行为的方式与其要表达的潜在意义之间，是否存在稳定而明确的关系？

先来回答最后一个问题，我会把许多材料结合在一起来回答。在讨论语误的例子时，我们发现有必要在说者的意向内容之外去寻找造成语误的原因。在许多事例当中，说者的意向有时十分清楚，而且说者自己对此也完全意识到了。最简单明显的例子就是：两个听起来似乎表达了同一思想的不同概念，它们之间相互干扰，没有人能够说清楚他们为什么一个得到了表达而另外一个没有被表达出来（梅林格和梅尔的混淆率）。

在第二种事例中，语误的确有某种动机，但这种动机不是特别强烈，没有被完全隐藏抑制，所以它就出现在了意识之中。

在第三种事例中，扰乱者与个体原来的意向完全不同。干扰者与被干扰者可能在思想中具有某种联结（内在的冲突导致了干扰的发生），但也可能这两者完全不同，被干扰的词和干扰词只具有某种外在的联结，而且这种联结往往是无意识的、出人意料的。

从我所举的许多精神分析的事例中，可以发现我们在说话的时候既可能是受到了正不断从无意识转为意识层面的思想的影响，也可能是受到了还完全是无意识的思想的影响，而这些无意识思想有时通过直接干扰而暴露自己的存在，有时又通过影响尚处于无意识中的未经组织的语言的各个组成部分来间接地表达自己。干扰言语表达的无意识思想是非常多的，很难进行概括。

对误读和笔误例子进行比较分析也可以得出相同的结论。就像言语谬误中一个个孤立的错误，似乎也起因于不明动机的凝缩。既然这种凝缩作用在做梦和清醒情况下的思想错误中很常见，那么其发生的具体条件是什么呢？从事例本身很难找到有关这方面的信息。但我坚决反对因此而认为他们的发生是没有条件限制的，例如认为是因为注意力放松而造成的。就我所知，这种自动化动作是非常准确和可信的。我想强调这样的事实：与我们在生物学中经常看到的一样，对不正常事物的探讨远比探讨正常事物和趋于正常事物更有意义。据我看来，对这些比较简单的干扰事例的解释仍然有许多不明确的地方，这些不明确的地方可以通过对更严重的干扰事例的解释搞清楚。

而且，许多误读和笔误的例子并不缺乏比较深刻且复杂的动机。另外，干扰在言语中要比在其他心理行为中更加容易发生，对干扰力量的要求也比较低。

从字面上考察，遗忘指的是对过去经验的遗忘（为了区别，我们把在严格意义上的本书第一章和第二章中所说的专有名词的遗忘和外文单词的遗忘称为“疏忽”，而把有意识的遗忘称为“省略”。）正常遗忘过程发生的主要条件迄今还不明确[①]。我要提醒大家的是，并非所有的遗忘都和我们想象的那样，真的是忘掉了。一般的规则是，遗忘的是不重要的事情，而重要的事情是留在记忆当中的，那些违背了这个规则的事例会让我们感觉非常惊讶。我们力求解释的恰恰就是这类事例。对这类需要进行特别解释的遗忘事例的分析表明，其遗忘的动机基本都是不愿意去回忆可能激发痛苦情感的事物。不难想象，这种动机尽管非常

① 我也许能简单阐述“真正遗忘”的机制。记忆里的材料屈从于凝缩和变形两种力量。变形是由个人精神生活里占据优势的倾向产生的，主要是驱赶记忆里不愉快情感的成分，后者保持着针对凝缩的更加抵触的态度。不带感情色彩的内容顺利进入凝缩程序而没有受到抵抗；有时候，变形也会影响它，这可能是因为它们坚持表达出来而没有被满足的缘故。在很长的时间里，新的经验不断地添加到记忆中，但变形和凝缩的力量继续发挥作用，所以时间确实能让记忆逐渐模糊不清。遗忘很可能是时间的直接函数。残余的记忆一旦进入无意识中，就不再改变。记忆可以是开始时的模样，同时也是有所发展后的模样。在精神的固着作用中，这是最重要也最奇怪的一点。这种情形很难通过其他领域的比较得到阐释。由于这种机制的优势，记忆的内容可能得到修复，但它原先与外界的联系已经丢失了，代之以新的内容。

想在心理生活中表达，却受到了其他相反力量的抑制而无法表达。这种不愿意回忆痛苦印象的情形，其程度和意义值得进行艰苦的心理学研究。但问题是，如果个体已经将某事忘得一干二净，那要搞清楚这个遗忘发生的条件，似乎就不大可能了。

有意识遗忘还有另一个重要的决定因素，在这些案例分析中，导致痛苦记忆被压抑的冲突变得非常明确，而且个体常常会发现存在与行为意向相反的反意愿。正像前面所谈过的错误行为一样，这里我们也可以看到两种不同类型的心理过程：反意愿可能与意向直接冲突，也可能是反意愿与意向本来并不相关，但在外在联结的作用下使得他们联系在了一起，产生了干扰。

“行为的错误执行”也是这种冲突的结果。表现在行为干扰中的冲动往往是一种反冲动。而且很多情况下它往往是一种毫不相关的冲动，只是想抓住一切机会来表达自己，而对行为的实施产生了干扰。由内在冲突导致的干扰非常值得重视，而且经常出现在重要的活动之中。

内在冲突在偶发行为和症状性行为中的作用就不那么重要了。那些个体想不到的或者完全被意识忽略的动作性表达却是大量无意识或被压抑的情感的表达。他们主要是象征性的代表了某些愿望和幻想。

对于第一个问题（错误行为中表达的思想和情感的来源）我们可以这样回答：在许多事例中，干扰性思想的来源很容易追溯到心理生活中被压抑的情绪。即使是健康人，自私、嫉妒、敌意的情感和冲动也使得他们承受了巨大的道德压力，因此他们也会采取错误行为来表达这种得不到更高精神层面认可，而他们自己又无法否认其存在的力量。允许这些错误行为和偶发行为的存在就好像人们容忍不道德行为适度存在一样。在这些被压抑的情感之中也包含多种性冲动。在我上面所列举的例子中性冲动很少出现，但这只是巧合而已。因为我所举的例子大多是对我自己的经验分析，因此从一开始选择事例的时候，可能就已经把有关性的事例给排除掉了。有时候，干扰性思想似乎来源于最无害的事物和思想。

现在我们可以来回答第二个问题了，即究竟是什么心理因素迫使思想或情感用这些偶然事件去改变和干扰其他思想的表达来表达自己。从最典型的错误行为的例子中我们可以看出，这个问题的回答必须依赖于意识的接受力或被压抑思想的突出特征。但对许多这类事例的考察表明，这些特征的内涵很不明确。当然我们会对那些令人厌烦的东西，或者明显不属于当时意向的思想具有将其忽略的倾向，而这种倾向就是抑制某种思想的动机（这里被抑制的思想后来会干扰其他思想的表达），也是对于反叛情绪的道德谴责，也是完全无意识思想流的根源所在。但是，按照这种方式可能很难发现错误行为和偶发行为发生条件的根本特征。

然而，这个研究至少让我们认识到了一个重要的事实，即错误行为的动机越无害，其隐藏在无意识当中的思想就越不那么丑恶，也就越容易被意识所接受，当我们把注意力集中到这一点，这个问题的回答就比较容易了。最轻微的语误往往立即就可以意识到，而且马上就可以将其纠正。但对那些由压抑很深的动机所造成的错误，可能就需要花费很大的气力去进行分析，而这些分析有时还会遇到很大的困难，而有时还可能失败。

因此，这段的分析结果表明，要想对错误行为和偶发行为的心理决定因素做出满意的解释，可能需要采取其他的方式或者改变探究的出发点。上述的这些讨论可能涉及的都是肤浅的皮毛，但通过这些皮毛可能会发现存在着更广泛的联系。

Ⅶ. 最后，我们要用几句话谈谈这个广泛联系的倾向。

正如我们通过精神分析方法所了解到的错误行为和偶发行为的机制显示，它与梦的形成机制的本质是一致的，梦的形成机制我在《梦的解析》中的“梦的工作”一章中做过详细的解释。两者都有凝缩现象和妥协形成（“混淆”）。另外，发生的情境也非常相似，即无意识思想以不同寻常的方式和外部的联结来改变其他思想，从而表达自己。梦中的不和谐、荒谬以及错误都是因为随意使用储存的材料而造成的，我们日常生活中常见的错误也是这样造成的；因此，所有的这些错误都是由两个或两个以上正确行为独特的相互干扰而造成的。

由这些错误的一致性我们可以得出以下结论：我们在考察梦的内容时，发现的独特的活动模式，并不仅仅只是在睡梦之中才活动的。我们现在已经有了充分的证据表明，其在个体清醒的时候也会以错误行为的方式出现。同时也使我们相信，这些异常和奇特的心理过程可能并不是由心理活动的衰退或者神经官能的病态造成的。

要正确理解这种奇特的心理力量，除了对错误行为和梦的分析之外，还需要对精神神经症，特别是歇斯底里症和强迫症进行分析，因为这些神经症的机制与我们刚才所说的这种活动模式完全一致。我们今后的研究便会从这一点开始。

错误行为、偶发行为及症状性行为还有另一个共同之处，非常有意思。如果将他们进行比较就会发现：第一，神经质、正常和异常状态之间的界限是很模糊的；第二，我们所有人可能都具有轻度的神经质。无须什么医疗经验，每个人都可以解释这种非常轻微的神经质，是一种失败的神经症。而有些人有少许的症状或者几乎没有什么症状，也就是说他们病症出现的次数、强度和时间是非常有限的。这种介于健康和病态之间的类型可能很少被发现，这种过渡类型其症状只出现在错误行为和症状性行为之中，其特征是他们的症状只出现在不重要的心理活动之中，而更高级的心理活动并不受到干扰。如果症状以一个相反的方式出现，也就是说，它们出现在了最重要的个体和社会活动之中，干扰了觅食、求偶以及工作和社会生活，那么这就是严重的神经症的表现，在诊断神经症的过程中，这也许比根据那些形式多样的症状表现进行判断更有价值。

但不管是错误行为还是症状性行为，不管是最轻微的还是最严重的神经症，其共同的特点是：我们都可以把其发生的原因归结为不受欢迎的、被压抑的无意识思想，他们虽然远离意识，但无时无刻不在寻找表达自己的机会。